未来的启示

VR如何改变人类的联系、亲密感和日常生活的边界

[美]彼得·鲁宾______著　孙摇遥　田川______译

FUTURE PRESENCE

How Virtual Reality Is Changing Human Connection, Intimacy, and the Limits of Ordinary Life

中信出版集团 | 北京

图书在版编目（CIP）数据

未来的启示/（美）彼得·鲁宾著；孙摇遥，田川译. -- 北京：中信出版社，2020.5

书名原文：Future Presence

ISBN 978-7-5217-1419-7

I. ① 未… II. ①彼… ②孙… ③田… Ⅲ. 虚拟现实—普及读物 Ⅳ. ① TP391.98-49

中国版本图书馆 CIP 数据核字（2020）第 022416 号

未来的启示

著　者：[美]彼得·鲁宾
译　者：孙摇遥　田　川
出版发行：中信出版集团股份有限公司
（北京市朝阳区惠新东街甲 4 号富盛大厦 2 座　邮编　100029）
承 印 者：中国电影出版社印刷厂

开　本：880mm×1230mm　1/32　　印　张：8　　字　数：145 千字
版　次：2020 年 5 月第 1 版　　印　次：2020 年 5 月第 1 次印刷
京权图字：01–2019–6129　　广告经营许可证：京朝工商广字第 8087 号
书　号：ISBN 978-7-5217-1419-7
定　价：56.00 元

服务热线：400–600–8099
投稿邮箱：author@citicpub.com

/ 目录 /

/ 前言 /

欢迎来到虚拟现实的世界

视频开始的时候，你只能看到一个上了年纪的老妇人坐在椅子上。尽管她脸上戴的黑色盒子遮挡了眼睛和鼻子，也挡住了她的年龄特征，但她已经整整 90 岁了。你只能看到她大张着嘴，满脸惊奇。当镜头从她身上移开时，你会明显地发现她脸上的黑盒子是和一个放在桌子上的笔记本电脑相连的。在电脑屏幕上，你能看到两张照片，照片上芳草萋萋、绿树成荫，这正是老妇人在黑盒子里看到的，而这个黑盒子实际上就是一个虚拟现实头戴式显示器的早期版本。

镜头回到这个老妇人身上，她讲话的时候就像从喜剧电影《喜剧二人组》出来的人物一样。“哦，天哪，”她说，“它们太、太、太、太真实了！哦，天哪。”

“相当酷，是吗？”拿着摄像机的小伙子说。

“当然是。”她说着，环顾了一下四周。在盒子里面，一块屏幕将两个几乎相同的图像连接起来，合成的一个 3D 图像将她完全围绕起来。如果她左右转动头部，或者坐在椅子上环顾一周，她就能看到所有的田园风光，无论是远处的小山还是她身后的石头别墅。“是我的眼睛在动，还是树叶在动？”她问道，“这真的是托斯卡纳吗？”

“有人在电脑里还原了这些。”屋子里另外一个年轻人说，“这些都是电脑合成的。”

“如果我向其他人描述这些的话，”这个 90 岁的老妇人说，“他们不会相信我的。”

这句话比任何一句话都更能触及虚拟现实的核心。

虚拟现实（简写为 VR，以减少多次拼写敲击键盘导致的腕管综合征），和梦境、记忆类似，是难以描述的。当你戴着虚拟现实头戴式显示器的时候，你可以向别人描述你的所见所闻——你在阳光下的庭院里漫步时树木的模样，或者海浪是如何拍打着岩石的，但是除非别人也亲自尝试，否则这些描述也仅仅是文字描述。只有当体验者亲历这些时，他们才会意识到 VR 带给他们的可能性。想象一下人们第一次看电视或者用智能手机的场景吧！当然，只是说“这就是一个盒子，里面有人”固然很简单，但是这只能帮你了解其中的四分之一。别想着对一个没见过现代手机的人解释“探探”或者“糖果传奇”，他们会把你轰走的。

从打字机到电报，到如今被叫作互联网的一系列光纤管子，新的媒体形式总是能给社会带来翻天覆地的变化。但是 VR 不仅仅是一种新的媒体形式，它扫除了之前所有形式之间的屏障。纸面上的阅读，接听电话语音留言，甚至看看 YouTube 视频都能带来享受，但是它们的局限性都很强。它们中的每一个固然都是实体，却不能带来真实的感受。与 VR 提供的感受相比，电视和电话显得那么苍白。几个世纪以来，我们能感受到的艺术都是在想象的场景中进行的。无论是阅读书籍还是在屏幕上观看影片，这些内容都出现在假想的世界里，它们展现在我们的面前，我们能欣赏它们，却不能真正感受它们。因为，它们不是真的。现在，有了 VR 带来的感官沉浸感，我们拥有了成为艺术本身的能力——成为其中的一部分，甚至成为其中的一个角色。

自从 YouTube 第一次播放这段视频以来的 5 年间，VR 已经由那个笨重的黑盒子不断发展为自智能手机之后最大的革新技术。（信不信由你，VR 从无到有，单单发展为那个笨重的黑盒子就用了 45 年的时间。我们稍后会更深入地讨论这个问题。）世界上最大的几家科技公司投入数十亿美元开发 VR——它们甚至早在第一台设备正式发售之前就这么做了。

为什么人们对 VR 的前景如此乐观？这可不仅仅因为 VR 能够为我们带来最炫酷的电子游戏，VR 实际上可以颠覆你能想到的全部行业。娱乐业？当你有机会真正参与一部电影，出现在屏幕上，甚至与电影里的人物互动之后，你还能对单纯坐在银幕前观看电影感到满意吗？旅行？你再也不需要通过订机票来享受你的海滩时光了。教育？尽情地带着艺术生们参观罗浮宫吧，哪怕你们根本没离开过教室。VR 还可以帮助士兵从创伤后应激综合征中获得解脱，而能够治疗慢性疾病的这一前景也意味着未来它也许能够帮助人们减轻对鸦片类药物的滥用。房地产公司利用 VR 向客户展示数千英里[①] 以外的房屋。奥迪在展示厅里使用 VR，这样其潜在客户就能充分了解关于汽车的一切，无论是哪种型号，无论是简单的座椅调节还是深入了解发动机的工作状况。通过 VR 纪录片，记者和政府官员正在直面那些原本非常抽象的人道主义问题——没错，就是字面上的直面。几年前，一个迈阿密的小儿外科医生给一个几乎无法存活的婴儿实施了手术。不久之后他成功地完成了手术，并将其归功于 VR，因为他能够使用 VR 技术对婴儿的心脏进行 3D 扫描。

但是所有人们喜欢称为“颠覆”的东西，都忽略了对人们来说最为颠覆的一件事：人与人的关系不再相同。那是因为一种被称为“存在感”的东西。

所谓的“存在感”就是，当你的大脑被一些虚拟的体验欺骗时，它可能会触发你的身体产生一定的反应，就好像这些虚拟的体验是真实的一样。这可能意味着，当你身处一个黑暗的虚拟走廊时，你会面临“战斗还是逃跑”的挑战，这会让你心跳加速甚至背后冒冷汗。这也可能意味着，当你遇到一个虚构的人物时，你可能会产生发自内心的同情，或是站在大教堂里听着唱诗班的歌唱肃然起敬。这也可能意味着，某人（不管真实与否）向你靠近，在你耳边轻声细语，或者直视你的双眼，让你毛孔收缩，产生一种科学家称为“毛发尽竖”的现象，也就是我们常说的“起鸡皮疙瘩”。（无论哪种说法我都讨厌。）

存在感是虚拟现实的绝对基础，在 VR 里，它也是建立联系的绝

① 1 英里≈ 1.61 千米。——编者注

对基础——与你自己，与其他人，甚至与人工智能建立联系。上述这些，每一件都有它自己的原因和结果。这也是本书的内容：探寻 VR 能做什么，我们在 VR 里如何做出反应，以及这些反应对于我们和彼此的联系意味着什么——无论是现在还是未来。

可供消费的 VR 时代终于在 2016 年迎来了它的黎明。在那之前的一两年里，人们已经可以购买一些便宜的头戴式显示器、视觉主导模式的纸板和塑料装置：你可以把你的手机放在其中一个设备里，把它绑定在你的头上，这样你的手机屏幕就会为你打开一个新世界的大门。这当然很酷，人们也管这个叫 VR，但是实际上它并非真正意义上的 VR。这种视觉效果更像古老的立体视觉，它更胜一筹的也就是让你环绕一周看到 360° 的场景。[尽管这样，《纽约时报》还是在 2015 年 11 月一周的时间里，用这种便宜的技术大卖了 100 万份周日报纸。用户只要在任何一部智能手机上下载手机的应用程序，就可以阅读 360° 的 3D 文章，比如关于难民儿童的纪录片。一旦戴上这种设备，你就会发现自己置身于叙利亚、苏丹和乌克兰，在巨大的沉浸感中目睹当地孩子的命运，这些在几年前是无法想象的。那时的社交媒体充斥着人们使用谷歌纸板（Cardboard）观看的照片，人们脸上都是敬畏的表情。]

但是在 2016 年，第一波高能 VR 头戴式显示器的浪潮袭来，它们带来的远不止 360° 视频和游戏。它们不再依赖智能手机，但是需要更强劲的电源：它们需要接入高功率电脑或游戏控制台。利用这些电脑的处理能力，以及类似于照相机的外部传感器，新一代头戴式显示器能带来的存在感会比以往任何体验都更充实、更完整，而且再也不需要依赖于那些昂贵得离谱的实验室系统了——你只要花一部智能手机的价钱就可以享受这些体验。

问题是，尽管第一代 VR 头戴式显示器让人印象深刻，但是用不了多久它们就会变成陈旧的文物。还记得 YouTube 视频里那个 90 岁的女人头戴的设备吗？在 VR 领域，这个超早期的版本就像一台雅达利台式游戏机（Atari），而现在你已经可以买到微软的家用游戏设备 Xbox1 号（Xbox One 游戏机）了。等等，不，这个更好：如果现在的 VR 头戴式显示器被比作苹果手机，它就像那种可以连在行李箱上的手机，你得在穿着厚厚垫肩的西装正襟危坐吃午餐的时候，拖着它到处走。也许你还穿着高帮的锐步！（我这话没有别的意思，但是在我生命中的某些不同时刻，我确实戴过迈克尔·杰克逊闪闪发光的手套、马尔科姆·艾克斯的帽子，还有我只能形容为“不幸的是太大了”的牛仔裤。）

假定我真的完成了这本书，而我的编辑又没有跳窗而逃的话，那么你刚好能够在史蒂文·斯皮尔伯格的电影《头号玩家》上映之后看到这本书。尽管我们没有任何方法能达到电影里面“绿洲”提供的身临其境之感。在电影里，“绿洲”是一个基于恩斯特·克莱恩的书而建立的、每个人都能享受的无所不包的虚拟现实世界，但是当我在 2013 年第一次戴上虚拟现实头戴式显示器的时候，我们之间的距离已经比任何人所能想象的都更接近了。而那还只是第一版的 VR，就和苹果手机一样，很快我们就能看到它每年的更新换代，而接下来的十年将是令人眼花缭乱的飞跃式发展。头戴式显示器体积越来越小，重量越来越轻，从符合人体工程学但是沉重的设备变成一副简单的运动太阳眼镜。屏幕的分辨率会更接近人眼的分辨率。（据我所知，高清电视是 1K 的分辨率，高端的 8K 电视也于 2018 年上市，而人体视网膜的分辨率接近 20K。）

而且随着越来越多的人被 VR 吸引，它就更有可能像电梯一样成为我们每天都要使用的东西。当然，这就意味着，VR 技术将更为日常化。随着数以百万计的人第一次接触 VR，到它慢慢变成日常生活中的一部分——就像脸书和苹果手机一样平常，甚至比它们还要重要，它将改变我们的生活方式。

没有人确切地知道这些对于社会意味着什么，但是这并不意味着没有人能预见未来。在庞大的在线社区红迪网（Reddit）上，一张图片在各种与 VR 相关的讨论版块以及特定的讨论区里流传：一个年轻人蜷缩在房间角落的床垫上，戴着就像本书开头提到的那个 90 岁老妇人戴的那种早期版本的傲库路思·裂缝（Oculus Rift）头戴式显示器。他的坐垫、周边的墙壁以及木地板都是空荡荡的。一根光纤将他的头戴式显示器和旁边的笔记本电脑连接起来。在笔记本电脑屏幕上，你可以看到这个青年所见的一切：阳光明媚的一天，他正坐在绿油油的草坪上，远处的彩虹延伸到地平线。图片的标题是“这就是我现在生活的地方”。（在图片分享网站 Imgur 上，关于这张照片有数百条评论，其中最热门的一条是四年前发布的：“我敢打赌，用这个看色情片肯定棒极了。”我们会在后文继续讨论这个话题。）

当然，在这种人造天堂中，是存在迷失自我的可能性的。这是一个经典的反乌托邦式的场景，从奥尔德斯·赫胥黎的《美丽新世界》这样的经典作品，到 HBO 电视网的《西部世界》这样的电视剧，这样的场景从未停止过。每一项创新都会引发一波关于我们应该选择退出还是跟进的担忧浪潮，时至今日，你会发现有很多人绝望地担心我们正在奔向一个像红迪网上那张照片所描述的那样的国度，在那里，如果你没跟上 VR 浪潮，你都不敢轻举妄动。

然而，正如互联网孕育了网络社区，也让人开始逃避现实一样，VR 也会产生社会学影响，让虚拟隐士的小小幻想相形见绌。就像每一项技术革新一样，最开始它会一点点慢慢展开，但是这种技术革新的最大特点却跟技术本身没有任何关系。20 多年前，我们所理解的 VR 可能只是一种观看和体验全新世界的方法——而不是与他人面对面的方法（无论是真实的还是虚假的），大家也不会用它来分享、交流发自内心的情感。但是正因如此，VR 和存在感才显得如此重要：它有促进、创造和加速亲密关系的能力。

没错，亲密关系。

我明白了。这个词有点儿……娘，对吧。它让人想起心理医生菲尔的电视节目，或者杂志上那些改善人际关系的心理测试（从《50 度灰》到《巴黎最后的探戈》！）。不过，按照这个词本来的用途，把它变成形容词以后，它就从一个模糊的概念变成一种非常真实的感觉：亲密。

它是亲近，是信任，很脆弱，但是又值得信赖且充满刺激。

但是亲密关系又依赖什么呢？他人？对吧？关于亲密关系的一切都需要另外一个人，他和你一起，将共同的经验总结、放大，再把它回传给你，两人以此产生联系。这些感觉都比较沉重，同时它们又总是可以被分享。但是现在，人类历史上第一次，我们可以在没有另外一个人的情况下具备产生这种感情的能力——至少是在没有另外一个真人的情况下。考虑到 VR 具有能够与大脑联结的能力，这种能力可以对刺激引发情感反应，我们可以通过一段节目或者一段录音找到亲密感。再次提醒那些绝望的人，我们最后都会和机器人结婚吗？我们会为了我们最喜欢的虚拟世界放弃真正的友谊吗？人们很自然会得出令人沮丧的结论。

但是如果更进一步，我们就会意识到，我们解开亲密关系真正的钥匙还是存在感——我们又不是说让彼此关闭心门。我们谈论的是人们发现的一些东西。也许这是一种联结的感觉，这种感觉可能人们一生中的大部分时间都没有感受过；也许这是一种治疗，可以让人们锻炼出更深刻的、更有意义的人际交往能力；可能这是一种冒险，或者是一种意识觉醒，或者是其他形式上的满足。

因此，真正的问题是，VR 究竟如何影响人类交往？它会如何影响友谊、关系、婚姻、性？当我们感官世界的限制被 VR 消除之后，它将如何改变我们选择的体验——以及我们如何分享我们的生活？

这就是我们要一起探索的，我和你。

为什么是我？

这是个好问题。（给你个小提示：如果你下次看电视采访的时候，有人对一个问题回答说“这是个好问题”，那么往往是因为他们其实讨厌这个问题，所以在拖延时间。这句话和这个问题本身无关。但是你这么提问的确很棒，你考虑过从事新闻行业吗？）

最简单的答案，我想是因为我作为《连线》杂志的编辑和作者，从事 VR 相关的阅读写作已经好多年了。我有幸经历过一些极少有人体验过的事情，也很有幸接触过一些下一代产品——这些产品可能未来数年之内都不会对外开放。但是，很重要的是，我不是技术型的作家。当然，《连线》杂志及网站［以及社交媒体账号、色拉布（Snapchat）公众号，当然也希望未来它能够像《黑客帝国》里的尼奥学习功夫那样，让你的大脑直接接收到那些改变我们生活的最新的科学技术］一直以来关注的都是科学技术如何改变我们的生活，但是技术只是其关注点之一，它的另外一个关注点是我们的生活。关于 VR，我已经掌握了足够多的知识向大众解释和描述，但是从内心深处说，我实际上是个文化型作家。尽管我对 VR 很着迷，但是我更痴迷于 VR 能做什么，以及我们在 VR 里能做什么。

甚至在我着手写这本书之前，我就曾经尽我所能地了解关于 VR 的一切。是的，我不厌其烦地采访傲库路思创始人，同时我也花费了大量时间去了解那些在工作中使用 VR 的人，比如纪录片导演、音乐家、色情明星、教授以及治疗师。也许最重要的是，我和那些不在 VR 领域，却已经发现 VR 具有变革性意义的人也深入交谈过。

所有这些都是想告诉你，如果想读懂这本书，你不需要任何 VR 知识。我是认真的！本书的主要目的就是帮助人们理解这个技术，以及这个技术的未来潜力。所以你不会遇到类似于“异步时间扭曲”或者“收敛调节”这样的术语。坦率地说，其实我真的知道这两个词的意义，我自己都感到害怕。本书主要是向你，我亲爱的读者，展示 VR 未来的样子以及未来它能带给我们的感觉。毫无疑问，VR 当然不会仅仅改变我们的休闲娱乐，也会改变我们的文化。

但是等等！如果你碰巧有一点儿 VR 的背景知识，本书对你也很合适。见鬼，即使你是一个 VR“发烧友”，如果你曾经在 2012 年支持过傲库路思·裂缝在众筹网站 kickstarter 上发起的众筹活动，或者为了安装 VR 设备不惜卖掉家中的家具以腾出空间，甚至你每个月都参加开发者大会，我也保证你会在这本书里发现一些你需要的内容。你可能在技术上已经是一个极客了，但是现在我们需要关注头戴式显示器之下人性的一面。相对于 VR 拥有的技术魔法来说，它所蕴含的精神魔法可能更迷人——我们在虚拟世界中的情感、认知和心理反应最终会改变我们生活的方方面面。

这就是我要做的。这本书，至少像我开始写的那样，蕴含着许多不同的东西。它是一则旅行见闻，从虚拟现实头戴式显示器的视角来审视这个尽管年轻，但是非常广阔的 VR 世界。它也是一篇分析，思考一下我（还有其他人！）在 VR 里做的事情，分析一下这些事情是如何利用和玩弄我们复杂而又脆弱的人类心理——并且这些不仅仅作用于我们自身，还涉及我们的人际关系。最后，它也是一个预言，我们以现有技术带给我们的体验为起点，描绘未来的变化，探讨下一个 5 年、10 年甚至 20 年的技术进步。

至于具体的章节，我把本书看作一个缓慢探索的历程。最开始是介绍头戴式显示器本身，每一章节都会一点点深入，直至延伸到人类体验和人际关系的范围之外。我们开始介绍 VR 存在的现状——调查许多为了建立亲密关系设计的产品，然后访问许多推动这项技术进步的人，当然也包括那些从中获益的人。一章接着一章，一项突破接着一项突破，我们将研究 VR 的许多不同组成结构，研究它们将如何产生和加强亲密感。这是一种缓慢的、马赛克似的构图，通过不同的人和他们各自故事的叙述，描绘出一个没有人能想象的未来。

我们走到那一步了吗？

VR 可以帮助你了解你未来的方向。把这些当作你开启本书的阅读之旅的指南吧。第一章是 VR 本身的速成课：它来自何方，如何演化，如何工作。这一章追溯了人们对于 VR 这一想法的集体迷恋，从普及它的书籍，到 20 世纪 90 年代的一些影视作品，那时候人们把 VR 看作一种小众文化。（我也会描述一下我首次体验现代 VR 的经历。）这一章深入地探讨了“存在感”的概念，以及解释了为什么 VR 头戴式显示器需要传递这种存在感。最后，我们会通过描述傲库路思·裂缝头戴式显示器附带的一系列入门体验，让你体验首次使用现代头戴式显示器的感觉。读完这一章，你不仅会知道 VR 是如何工作的，而且会知道“存在感”是如何工作的——以及如何发现它。

第二章探索了 VR 如何让我们触及内心。我们需要了解人脑是如何应对压力和焦虑的，VR 又是如何帮助我们的。你会遇到一些开发者，他们用 VR 技术帮助我们变得更专注；还有一位传奇女性，她是第一个探索 VR 体验存在感的可能性的人，而现在她正在致力于帮助其他人“体验存在感”，这样他们就能体验她所体验到的改变。最后，我们将第一次（但不是最后一次）带你进入一种 VR 体验，它模糊了头戴式显示器内部的虚拟世界和外部的真实世界之间的界限。我要警告你：这部分会有一些奇怪的观点，也可能是很多奇怪的观点。

如果你喜欢可爱动物的视频，第三章就是为你准备的。（如果你讨厌可爱动物的视频，第三章还是适合你的，但是我可能会觉得你怪怪的，居然不喜欢可爱的动物。）我们将从一部艾美奖获奖作品入手，这个电影利用VR的存在感引发了各种情感反应——当然也许“电影”这个词并不能准确地描述人们在VR中创造出来的东西，因此我们也会讨论这一点。我们同时会讨论眼神交流的力量（还有流畅的爵士乐！），以及眼神交流在建立亲密关系中的作用。我们也会介绍一些新的概念，比如“社交存在感”以及“手头存在感”，这两个不同维度的存在感开启了互动的全新可能，这些概念对于VR和本书的余下部分来说是不可或缺的。

第四章，好吧，其实我们已经讨论过亲密关系了，但是到这儿才是我们正式开始的地方。我们首先要讨论一下亲密关系的定义，以及为什么它是虚拟现实最后的边界。看看，直到目前为止，每个人都被VR能够激发同理心的能力着迷，但是我将带你了解为什么这个词本身并不能说明问题，而且“瞬间”这个概念也很重要。我也会告诉你一些VR简史，同时我会告诉你我们现在是如何解锁VR的能力的，这种能力可以让你参与别人的故事，然后找到存在感。最后，我会带你去参观最有趣的VR公司之一的总部，在那里的经历会让我们有生以来第一次意识到VR是如何将我们联结在一起的——哪怕我们不在同一个地方。

虽然我有书呆子的一面，而且那一面的内心真的不想让我写这个，但是我还是在第五章讨论了“虚拟现实社交”的基础——从我找到玩《龙与地下城》这个游戏的最佳方式开始。（我知道，相信我，我真的知道。）我们会花点儿时间在虚拟现实社交网络 Altspace 上，它是第一个多用户的虚拟现实社交网站，然后我们会就此讨论我们究竟能在虚拟现实里做什么。然而，正如任何使用过互联网的人都明白，把人们聚集在一起也很容易走歪路，VR 并没有什么不同，存在感的力量也可能会让不良行为变得更糟。这就意味着是时候讨论一些不那么有趣的事情了：我们会讨论性骚扰、其他恶习，以及 VR 对我们的情绪产生的过度影响。

第六章带你参观世界上最大的公司之一——脸书，看看它是如何开始考虑虚拟现实社交的。（提示：脸书和其他所有的 VR 社交公司大不相同。）我们会更深入地了解 VR 是如何增强人际关系，又是如何改变人际关系的，不仅在于我们在一起做什么，更在于我们如何记住它。我不想过早透露太多，但是实际上，VR 不仅能帮你学习和记录信息，同时也创造了一些和我们现实的记忆难以区分的记忆——这些我们以前从不需要面对。

现在，我们已经可以用 VR 结识新朋友，或者和老朋友聚在一起，第七章显然是亲密关系的下一步，来探讨一下恋爱关系的可能性吧。尽管我们现在没有花太多时间在这方面，但是未来我们肯定会被大量卷入 VR 社交，我会向你介绍一些人，他们恰恰成了伴侣，如果你明白我的意思。当然，我们也会讨论一些关于“VR 化身”的问题，那些我们在虚拟社交空间里创造的代表我们自己的角色。现在，我们基本上都只是卡通版的自己，但是很多人对于未来这些虚拟现实形象究竟有多真实都有自己的想法，因此我们也会讨论一下其中的原因，以及未来的种种可能。

我们会回到约会，甚至更严肃的人际关系中。但是在此之前，我们打算在第八章稍稍绕个圈，讨论一个会在未来几年在 VR 领域发挥重要作用的新概念：触觉存在。现在，在 VR 里，我们还不能很好地感受物体——我不是指情感上的感受，我是指触觉上的感受。（再强调一下，不是情感上的感受，是触觉上的感受。）我会造访新一代娱乐中心，看看触觉存在是如何增强沉浸感的，它可以把无所不能的 VR 与无所不能的肌肤感受结合起来。不过别担心，虽然我们现在没有办法好好地通过 VR 来体验，但是这并不意味着我们将来不会，因此我们会讨论一些未来的技术，也许未来我们的手和身体会很快地感受到真实的存在感，就像我们现在的眼睛、耳朵和大脑能做的一样。然后，我们将通过观看一个把人和 VR 结合起来翩翩起舞的节目，再次回到触摸彼此的话题。哦，还有僵尸，还有宇宙飞船，还有……啊，没关系，你会读的。我们开始热身吧。

所有的诱惑都会有结果——好吧，是时候谈谈 VR 和性的关系了。（什么？你以为我们不会谈论这个了？）在第九章，我将带你去色情片的影棚，看看亲密关系的存在是如何彻底颠覆你对色情产业的所有认知的。你会遇到那些硬核的虚拟现实内容的导演和消费者，我们将会讨论技术如何颠覆人们的预期，甚至可能修复成人产业某些长期存在的问题，我们也会讨论几个相关行业——比如一些性玩具是如何利用 VR 达到自己的目的的。如果你的伴侣很忠诚，你们的关系很牢固，你甚至会不屑地一挑眉，别急，放心吧，我们马上也会讲到忠诚关系。毕竟，如果虚拟现实是真实的，我们的感觉也是真实的，那么我们是在 VR 里进行性欺骗吗?

因为“亲密”通常就是“性”的委婉说法,你可能有足够的理由认为我们的讨论就此结束了。但是这并不是 VR 的全部。鉴于它的“兄弟”,增强现实的崛起,我们将在第十章结束本书,比较一下这两种技术在未来如何融合,以及未来普遍存在的混合现实将如何长期影响我们的生活。如果你喜欢科幻小说和斯托尼的幻想作品,这一章就是为你准备的。事情怎么变得有点儿奇怪了?

继续深入讨论之前的一点儿想法

正如我在开始介绍的时候所说,VR 拒绝接受描述。这并不意味着我不想尝试,在本书中,每当我讨论 VR 体验时,我都会尽我所能地把你带到我的头戴式显示器里,尽可能地为你详尽描述我所看到的一切;这些可能会帮你更好地了解这些作品究竟有多美。

但是最终,尽管花费了大力气制作,它们仍然是二手信息,甚至即使出现在电脑屏幕或是电视上的 VR 记录视频,也只是个近似。能够真实体验到 VR 的唯一途径就是亲身尝试。所以,我强烈建议你,如果你真的感兴趣的话,买一个头戴式显示器吧。现在它比以往任何时候都更便宜,而且会变得越来越便宜。随着技术的进步,在 VR 历史上,未来面市的 VR 头戴式显示器甚至都不需要电脑了,它第一次变得物美价廉。

VR 的增长简直是指数级的,但是你需要看看外面的世界——数百万人拥有第一代功能强大的头戴式显示器,数千万人开始了解 VR,

这只是冰山一角。VR 产业正以惊人的速度发展。新的公司每天都在不断涌现，它们中的许多公司都声称已经解决了这样或那样棘手的问题，或者宣称在这方面或那方面处于领先地位。但是和许多高速发展的技术一样，这种增长常常被失败抵消：公司破产，资金枯竭。在写这本书的后期，Altspace，这家我们在第五章讨论的以虚拟现实社交网站为特色的公司，宣称即将倒闭。（那时的我如此绝望，面对着删除这一章节的可能，在电脑前弯着腰，手悬在“删除”按钮上不知所措。）

对于 Altspace 的员工和用户，以及我的第五章（听起来很可怕）有一个好消息，因为被微软收购，公司存活下来了，但是公司的声明还是凸显了一些问题，正如波尼博伊·柯蒂斯在《局外人》中所说的，美景易逝。（是的，他在读罗伯特·弗罗斯特的诗。你小时候第一次读的是哪一首？）很有可能这本书里出现的公司和技术在未来发生了改变，或许在你读的时候就已经消失了。

并不是经济上的不确定性才决定了本书的出版时机。想象一下，如果有人写了一本介绍 20 世纪 90 年代刚起步的、早期互联网的书，并解释了它的潜力和对社会的影响。写一本关于 VR 的未来的书也是如此：记录一个甩着小粗腿蹒跚学步的孩子的故事。但是这也是记录 VR 的进展并且推测其未来动向的最激动人心的时刻。我们现在处在技术发展的关键时刻——我们已经充分意识到未来的变化，并对这种转变进行了分析。

写一本有关 VR 的书简直是我生命中最令人惊讶又最有收获的事情。下一章你就会看到，甚至我第一次使用 VR 的经历都是那么偶然，但又是在最对的时间、最对的地点，从那以后，所有的事情都变得如此有吸引力，也变得很受欢迎。我只是希望你能像我一样对它感到兴奋——对于 VR，对于存在感，对于它的内涵，就像我一样。

在过去的几年里，技术世界已经见证了大量的传道者，比如“忍者”“摇滚明星”，这些词在大多数时候就只是个词，只是一家追求时髦的公司想让它的销售经理说出来的话听起来更酷而已。好吧，VR 也不乏传道者，但是他们都不是公司高管，他们是用户。那些把自己奶奶放到虚拟现实头戴式显示器里的年轻人都是传道者。当然我也是个传道者。

也许你还不是其中之一，但是我希望本书能让你彻底改变。

第一章

存在感

它的定义，从何处找寻，
如何停留在此

前面我们已经介绍了一些内容，而且既然你正在读一本关于 VR 的书，那么我会假定你是个对生活充满好奇而又老练的人。也许你订阅了《纽约时报》(纸质版的！)，然后突然某一天你就会发现你的所有报纸被装在了谷歌的一个纸板盒子里。也许你买了个智能手机，然后发现附带着一个 Gear VR 头戴式显示器，你可以浏览里面附带的 360° 视频和游戏。也许你的儿子、阿姨、朋友，甚至飞机上的邻座都坚持让你试试他们的虚拟现实头戴式显示器。也许你已经是个骨灰级玩家了，也花了大价钱组装你自己的游戏笔记本，所以你可以用它连接你预订的 HTC（宏达电子公司）的 VIVE（一种虚拟现实头戴式显示器）。关键是，不论何时，也不管以哪种方式，至少你已经熟悉了 VR 这一概念。但是不管它是什么时候出现的，也不管你第一次体验 VR 时做了什么，至少这不是你第一次听说它。作为社会人，我们或多或少都接触过这个概念。所以既然本书的剩余部分要讲 VR，那么让我们先了解一下 VR 的历史吧。

虚拟现实简史（虚拟的方式）

20世纪60年代初，伊万·萨瑟兰还是个麻省理工学院的大学生，他设计了一个叫作“速写板”的电脑程序，人们可以用特制的笔在电脑屏幕上作画。在如今iPad（平板电脑）时代这没什么了不起的，但是在1963年那可是令人兴奋不已的事情。在“速写板”出现之前，电脑作图几乎是天方夜谭。事实上，唯一能够和电脑交互的方法是给电脑塞上打孔卡，就像世界上最贪婪的停车场收费站一样——这样就能在电脑屏幕上简单地作图了，在那时，这种操作简直就是魔术。

但是“速写板”并不是萨瑟兰最拿手的。几年之后，他去了犹他州当教授，发明了一种叫作“达摩克利斯之剑”的东西。你可以滑动这个设备——听起来你像是能把它拿在手里。它是一副复杂而笨重的护目镜，就像它名字的含义一样，悬在天花板上。如果你想使用它，你得戴上护目镜，然后把你的头和它绑在一起。（目前为止，多么具有中世纪风格啊。）当你从双筒护目镜往里看时，你能看到两个计算机屏幕，它们看起来是透明的立方体。如果你转动头部，护目镜随之转动——这多亏了那根绑在你头上的绳子，屏幕上的画面随之变动，你的所见也随之发生变动。50年前，达摩克利斯之剑成了现代意义上的第一代VR头戴式显示器。它一开始没什么特别的，除了能让你看到太空中盘旋的立方体之外，但是萨瑟兰和他的一位同事却机警地意识到它的优势，并把它用到了飞行模拟器中。

尽管如此，从那时起到VR这个词出现并被收入词典还需要好多年的时间。（至少有人描述过这种技术，法国剧作家安托南·阿尔托在 1933 年的一篇文章中就将戏剧描述为“虚拟现实”。）在 20 世纪 70 年代，那些一直在研究飞行模拟器的空军研发人员已经开始着手研发飞行模拟头戴式显示器，这种设备可以将有用的信息投射到飞行员的视野中。这个项目演变为美国空军一个被戏称为“超级驾驶舱”的系统：一套模拟头戴式显示器、飞行服和手套。这套设备在 20 世纪 80 年代可以满足飞行员的需要，让他们能够通过头戴式显示器内的屏幕看到 3D 模拟场景，并与飞行仪表和周围环境进行交互。

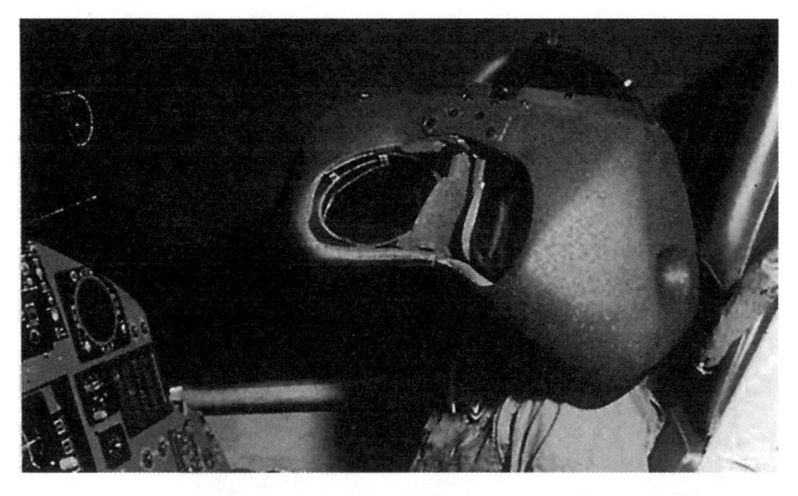

美国空军的“视觉耦合机载系统模拟器”，1982 年

与此同时，美国国家航空航天局（NASA）位于北加州的艾姆斯研究中心的科学家们，已经透过我们的大气层开始探索宇宙了，这个研究中心距离现在谷歌的总部只有两英里。在 1988 年的夏天，这个重点研究成果出现在美国国家航空航天局《技术简报》杂志的封面

上。标题是“NASA 的虚拟工作站”，封面是一个男子戴着巨大的白色头盔，看起来是一个结合了“帝国冲锋队”和“蠢朋克乐队”特色的混合体。在杂志里面，正文故事描述了这个新装置的前景，美国国家航空航天局给它起名为“虚拟视觉环境呈现（VIVED）”，并提出一个关于未来的设想，尽管现在每个体验过 VR 的人都很熟悉：“在未来，你有能力立即改变你的环境，如果你愿意，你就可以到达月球表面或者其他遥远的行星，而你实际上并不需要离开你舒适的小窝。尽管这些听起来像科幻小说，但是环境改变的能力不仅有可能，而且在未来可能会和开车一样稀松平常。”尽管那时这篇文章明确使用了“虚拟”一词，但是这篇文章和美国国家航空航天局工程师引用的话说明，这种效果只是“人工现实”。

地面控制呼叫汤姆上校：美国国家航空航天局的虚拟视觉环境呈现系统

事实上，我们最终接受的那个术语差不多在此时就产生了，只是还有一点儿距离。在帕洛阿尔托的一间别墅小屋里，微型可视化程序设计语言（VPL）公司正在开发一种新型眼镜，和美国国家航空航天局使用的非常接近，叫作“屏幕手机”（EyePhone）。（是的，这是真的。）微型可视化程序设计语言的创始人是杰伦·拉尼尔，他不顾同事们的反对给这项技术起名为“虚拟现实”（VR）——他的同事反对的理由是在20世纪80年代出现的温尼巴格热潮中，人们会把VR和RV（房车）弄混。除了“屏幕手机”以外，微型可视化程序设计语言还开发了一个“数据手套”，用以控制用户在头戴式显示器中看到的内容，此外还有一个叫作“数据套装”的全身装置，这样用户就可以在虚拟环境中利用自己的肢体活动。（这个数据套装还是亮蓝色的紧身衣，真是把那些蠢朋克乐队的东西搞到一起了。）不过，这些神奇的东西价格不菲：这个三件套，以及相应配置的电脑，总价超过35万美元。

微型可视化程序设计语言公司最终在20世纪90年代申请破产，主要是因为它的投资公司取消了贷款赎回权。但直到那时，VR这个术语和概念——特别是这种通过头戴式显示器让用户进入虚拟世界的方式，已经进入主流文化。尼尔·斯蒂芬森在1992年创作了一部叫作《雪崩》的科幻小说，在小说中人们通过使用VR眼镜进入叫作“虚拟空间”的一系列互相连接的世界。同年，通过好莱坞的魔力，斯蒂芬·金的短篇小说《割草者》被改编成一部特别可怕（但并不是很神奇）的恐怖片，其中适度的VR使用更新了《献给阿尔吉侬的花束》中从智障小子变成天才的情节。（这部电影与原著几乎毫无相似之处，事实上，斯蒂芬·金甚至发起诉讼，要求将他的名字从电影中删除，并且胜诉了。）

使用中的微型可视化程序设计语言公司的“屏幕手机”和“数据手套”

随着20世纪90年代的到来，VR技术也在不断进步，可谓长江后浪推前浪。在赛博朋克的惊悚片《非常特务》里，基努·里维斯戴着VR头戴式显示器和手套黑进了北京的一家酒店。任天堂试图借助这一趋势推出一款名为《虚拟男孩》的3D游戏，但是这款游戏让人有点儿头疼，并且在6个月之后就停产了。但愿我们不会忘记动作片《越空狂龙》，在这部电影中，史泰龙扮演的角色在低温储藏设备中被冰冻了几十年，而在2023年时他冒犯了一位女士，他暗示他们在虚拟现实中没有发生性关系。还有其他作品：恐怖电影《异次元骇客》，恐怖电视剧《野棕榈》，恐怖的少年超级英雄秀《梦幻战警》；甚至在一个非常特别的谋杀案剧集（确实也很恐怖）《女作家与谋杀案》中，演员安杰拉·兰斯伯瑞也利用了 VR 头戴式显示器调查 VR 公司的谋杀案。然后……一切又销声匿迹了，VR 消失了，成了 20 世纪 90 年代人们的记忆——与水晶百事可乐、豆豆娃和辣妹组合一样。

那么究竟发生了什么？两件事。首先是 VR 的前景，不管多么有竞争力，都要看是否有前景。我们是看过科研人员戴着 VR 头戴式显示器的未来感十足的照片，我们是看过科幻小说电影，我们也得出结论，VR 的未来迟早会到来，但是它提前来到了，准备好迎接我们进入它闪闪发光的梦境。然而，VR 早期的形式是陌生而令人尴尬的，直到我们真的从内部接触它而不仅仅只是从表面看它时，我们才发现它让人印象多么深刻。VR 装备异常昂贵，穿起来又很笨重，有时候真的让人产生生理上的厌恶。（我们很快就会明白为什么会这样。）

这时，另一件事情发生了，人们迎来一个不同的未来——一款更便宜、更便携、更简单的 VR 到来了，它把 VR 的冗余设备都去掉了。

1992 年《雪崩》出版后，同一年第一张照片被发到互联网上。1995 年《虚拟男孩》游戏问世的时候，一家叫作亚马逊的购物网站开启了在线门户，微软也发布了第一版的网页浏览器。不知从哪得到信息，我们似乎已经和万事万物联系起来了——无论是信息还是彼此。当你在网上消费时，谁还会在乎长相奇怪的一副眼镜呢？尽管 VR 研究者依旧努力地在军队和大学实验室里搞研发，平民的生活可是一直在前进的。又过了将近 20 年，VR 才重新回到公众的视野里。

VR 的回归

2012 年，我在《连线》杂志社任编辑，负责艺术和娱乐方面的报道。这项工作的一部分内容意味着每年都要参加圣迭戈国际动漫展或者奥斯汀西南偏南展——以及 E3 展，即每年 6 月在洛杉矶举办的电子游戏贸易展。那年，我在 E3 展的最后一晚，在经历了几天新闻发布会和游戏试玩之后，我听到同事间流传的一个小道消息：某些幸运的玩家已经接触到 VR 游戏。我一回到旅馆就发现脸书上已经有关于这种设备的照片了，人们管这个设备叫“傲库路思 · 裂缝”。它显然是一个开发中的产品：银色的电线交叉横在头戴式显示器的前面，电线从三个不同的地方发出，整个设备通过一副奥克利滑雪护目镜的绑带固定在你的头上。但是当人们用它玩升级版的经典电子游戏《毁灭战士》时，他们描述出来的傲库路思 · 裂缝的使用体验好像他们真的破译了 VR 的密码。

好吧，让我们快进一年。（这是一本书，我们可以这么做的。）现在是 2013 年了，我又回到了 E3 展。因为之前的展览，傲库路思 · 裂缝已经成了一个非常成功的商业项目：发烧友们筹集了 200 多万美元，就为了能拥有他们自己的头戴式显示器，没有管道胶带的那种。我并没有凑钱，也没有试过“裂缝”，但是当我的一个同事提到他已经安排了对傲库路思公司的秘密采访时，我毫不犹豫地告诉他，我也要加入。

这不仅仅是出于记者的好奇心。当《割草者》问世的时候，我就特别喜欢。见鬼，我刚成年就花了钱去电影院看，我刚满 20 岁又花钱去做了同样的事儿，看了《异次元骇客》。我在大学里沉溺于阅读《雪崩》，自从来到《连线》杂志社，我对欧内斯特·克莱恩的小说《头号玩家》也是大加赞赏，这本小说讲述了在 VR 世界里的冒险经历，里面处处暗藏着 20 世纪 80 年代的流行文化。我一年前错过了傲库路思·裂缝，但是今年绝对不会第二次错过它。

我还记得那是 2013 年 6 月的某个下午，印象如此之深，仿佛就在昨天。我还记得那天穿的衣服——一件格子短袖衬衫，我妻子现在还叫它“马克·马龙”。我还记得，我们穿过楼梯到达他们位于洛杉矶会议中心的会议室。在一间不起眼的小会议室里，我遇到了傲库路思当时的首席执行官布伦丹·艾瑞比。当艾瑞比告诉我他为这次采访带来了一些特别的东西时，他拿出该公司的首款高清原型机。

他帮我把头戴式显示器戴好，找到“最佳位置”，让 3D 效果尽可能地凸显，也让我尽可能地感觉舒服。头戴式显示器里一片漆黑——然后艾瑞比按下了电脑上的一个按钮，我发现自己置身于电子游戏之中了，真的在游戏里了。我的意思不是说以第一视角观看游戏的内容。我是说，我真的在一个石洞里了，对面坐着一个高大的长角的怪物。如果我左右转转头，我能够看到环绕我的墙壁。雪花从我旁边飘落，当我向下看时，我能看到地面上岩浆横流。“转过来。”艾瑞比说。因为不是我拿着游戏控制器，我自己扭着身子转了过来。那一瞬间，就是所谓的见证奇迹的时刻。因为当我在那个狭小的会议室转身时，我在洞穴里也转身了，这是我第一次看到身后的场景。我在真实世界的自己——那个坐在会议室里的自己，开始笑了。

从那以后，事情的进展就变快了。第二年，脸书以超过 20 亿美元的价格收购了傲库路思。（有趣的是，我为《连线》杂志以傲库路思为专题写的封面故事，草稿上交还不到一小时，这笔交易就达成了。那时的我绝望地坐在电脑前，只能赶忙订去南加州的航班，为新一轮的报道返工。）其他公司也开始纷纷进入 VR 领域。在 2016 年年底，人们可以伸出手数数，至少有 5 家出售 VR 系统的公司，而更多的公司在做着准备。但是这些都没有真正解释清楚 VR 到底是什么，它的效果是什么，它是如何工作的，以及你到底需要它做什么。所以让我们花点儿时间了解一下它。忍忍我吧，我保证你不需要知道任何关于“抖动器”、“帧率”，甚至“计算机”之类的知识。

螺母和螺栓（简单版的）

首先，一个基本的定义。虚拟现实是（1）一个人为环境，可以带来（2）足够的沉浸感（3）以使你确信你真的在那个环境中。这些数字摆在这不是为了吓唬你，它们就在那，所以我们才可以一个接一个地讨论这些观点。

（1）现实，“人为环境”可能意味着一切。照片是一种人为环境，电子游戏是一种人为环境，皮克斯的电影也是一种人为环境（从某种意义上来说，皮克斯电影已经是一款电子游戏了——它们不都是电脑代码产生的动画形象吗？）。你现在所坐的房间的视频可能是人为的，唯一重要的是，这并不是你的身体真正所在的地方。

（2）所谓的体验，并不意味着需要看起来和真实生活一模一样才能让你身临其境。（《飞屋环游记》里的人物是卡通的，但是你还记得卡尔为了履行对亡妻的承诺，把成千上万的气球绑在房子上吗？我没哭，哭的是你。）你的感官可以被操控，这样你在虚拟世界里的所作所为就好像和你在真实生活中感觉到的一样。为了实现这一点，我们需要同时做到两点：一是所在的世界是有深度的；二是你能够在这个世界里随心所欲地观看和移动，就像你在现实生活中一样。创造一个有深度的错觉体验很容易，就像在你的双眼上分别显示不同的图像那样简单，剩下的工作就交给大脑吧。如果你看过 3D 电影或者玩过视控玩具，你肯定已经亲身体验过这种现象了。

至于你能够环顾四周的方法，需要点儿小伎俩，但是现在任何一部在售的智能手机都能做到。你知道当你拍照的时候，你的手机是如何从横屏变成竖屏并保持稳定的吗？哪怕你的手在抖，图像也是稳定的。当你下载一个手机 App（手机软件）来当水平仪，帮你在墙上挂海报的时候确认水平时，你知道它是如何工作的吗？原理都是手机里有一个微小的运动传感器。VR 头戴式显示器里也有一个同样的传感器，在你转动头部的时候，它能感受到方向的变化，然后相应地切换屏幕，来适应你的视角。（如果你想学点儿超纲的内容，我们会告诉你这是个加速度计 / 陀螺仪的组合，通常被称为“惯性测量元件”。它的价格还不到 5 美元，而且边长只有 0.1 英寸[①]。科学，这就是科学。）

因此在 VR 中，如果你站在一所房子的门口，你可以向下看，就像你在生活中真的低头向下看一样——你能看到脚下的地毯，或者右

① 1 英寸 = 2.54 厘米。——编者注

边墙上的海报，甚至能看到你身后的草坪和街边停着的车辆。为什么这些如此重要？因为我们从未实现过。当你看电影的时候，你所看到的影像之所以在变化，那是因为导演改变了摄影机的拍摄角度。如果你玩那种第一视角的电子游戏，其实你是在用游戏控制器来改变镜头的角度。（相比电影，你可能拥有更多的主动权，但是游戏控制器不是你，它只是你和游戏的一个接口。）人类会互相讲故事，而且我们每讲一个故事（一幅画、一集电视节目，或者一出戏）都会把它放在一个框架中来描述（画布、屏幕或者舞台）。现在有了 VR，你的视角就是虚拟世界的中心了。VR 帮你穿过整个框架，进入世界本身。你在电影里、游戏里、画里、故事里。

让我们正确地看待这一切吧。无论 VR 头戴式显示器有多好，你始终不会忘记你其实就在现实生活中。那是因为所有的屏幕，不论是你小时候看的二极管电视，还是现如今智能手机的高分辨率显示器，都是由微型的矩阵组成的——它们被称为像素。屏幕离你的眼睛越近，这些像素聚集的密度就越小，这些像素也就越明显，因此，你看到的屏幕就越清楚。在 VR 头戴式显示器里，屏幕距离你眼睛的距离不到两英寸，这意味着，为了给你一个能够让你从现实中脱离出来的画面，屏幕需要每英寸聚集超过 2 000 个像素。这大概是苹果电脑“视网膜屏”的 10 倍。而且，能够让这种显示器变得量产还需要很多年。（不过，我最近接触到一种技术的原型，它每英寸的像素高达 3 000 个。头戴式显示器里面有一个小的传感器，能够感知你眼球转动的方向，然后准确地将图像投射到你瞳孔聚焦的地方。这种头戴式显示器现在还没有上市，但是它的效果真让人瞠目结舌。）

但问题是，这并不重要。当然，你的理性的大脑可能知道你正在使用 VR，但是理性的大脑也可能会被欺骗——或至少被迷惑。这种现象就是所谓的“存在感”认知骗局，它是你在这本书里要读到的所有内容的关键。

存在感：VR 里的“是”

当 VR 运行良好时，你的身体感官会告诉你的大脑，你在虚拟世界里体验到的一切就是你实际上亲身体验的，然后你的大脑就会促使你的身体做出相应的反应，这就是存在感。国际存在感研究协会（有意思吧），用了将近 3 000 个词来描述它（很疯狂吧），但这一点才是真正的关键：“某人可以正确地分辨出他正在使用该技术，但是在某种程度上，他的感官让他忽略了他的这种认知……好像这项技术并没有影响他的感官。”

还有一种相当简洁的表达方式：只有实际发生的才是真正触及内心的。举个简单的例子，假定我们大家都站在你家的客厅里。（我得说，你的品位是一流的，我喜欢那个咖啡桌。）我给你戴上 VR 头戴式显示器，你会发现你站在摩天大楼的边缘。当你向脚下看的时候，当心！你能看到你离地面几百英尺[①]，街对面还有一座大楼，不过它本身大概有 100 英尺高，以及类似这样的景象。

① 1 英尺 ≈ 0.30 米。——编者注

向前，迈一步

然后你能够听到我（别忘了，现实世界里我还站在你家客厅里）说："好，从窗台上下来吧。"你知道你在 VR 里面，你也知道如果你真的抬腿向前迈一步，实际上你只是在地毯上迈了一步。但是这只是你理性大脑的反应，因为它能够很好地协调两件事：你看到了一个世界，但是你的身体在另外一个世界。但是你的生理大脑还在呢，它告诉你，你并没有站在客厅里，而是站在摩天大楼的边缘。

为什么不呢？这就是你的亲眼所见啊。远处的天际线的景深看起来就像一个真实的空间，当你转过头来的时候，你可以看到它像真实的世界一样围绕着你。事实上，它更像一个电子游戏而不是真正的生活，但这不重要。重要的是你的大脑关注生死存亡的那一部分，它看了看下面的街道，然后大声告诉你："哦，不！你不能从天台上下来！"根据你恐高的程度，你的交感神经系统可能会发挥作用。你会心跳加快，手心出汗。不管怎样，你都会发现自己很难迈出这一步。在你的大脑中，你就是站在那个摩天大楼的边缘，而这就是存在感的核心。

虽然这听起来很简单，但是存在感实际上相当难获得。事实上，目前最畅销的两种 VR 头戴式显示器并不能完全实现存在感。谷歌纸板和三星的 Gear VR 系统利用你的智能手机提供屏幕并实现运动追踪。（头戴式显示器本身几乎就是个空壳，只有一副放大眼镜，让你的眼睛能够分别注视不同的屏幕。）这样倒是非常经济，但是会有一个限制：你的手机只能随着你的头部而非你的身体旋转。

为什么这是个问题？好吧，为了获得真实的存在感，你要做的就不只是转动头部那么简单，你需要全身参与。想象一下你的头在下图中心的位置。

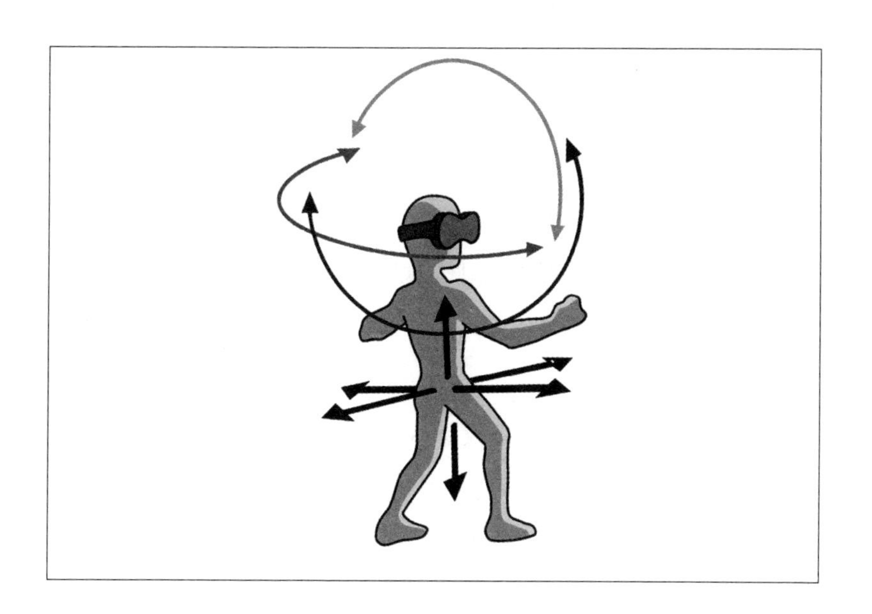

这三条曲线就是你的基本运动类型，任何传感器都可以追踪到：上下看，左右转动头部，以及左右摆动头部使得耳朵能够贴近肩膀。但是它不能追踪直线，也就是实际上的运动。再拿站在你的客厅来举例：这次你戴的是移动的VR头戴式显示器。头戴式显示器里，你正站在书桌前面，桌子上有一张纸，你看不太清，如果你想看清纸上的字，你就得俯身——但是当你这么做的时候，你会发现什么都没有发生。桌子还在那个地方，尽管现实世界里你确实在上下移动你的头。

至少这很让人苦恼，这意味着你在虚拟空间里的行为可能不会像在真实空间里一样，也意味着你不再觉得那么身临其境了。这也带来一个新问题，当你向前倾斜时，你内耳的平衡系统能够感受到这种方位的变化，然后你的视角随之发生改变——但是，当视角没有随之发生改变时，你的眼睛和耳朵之间就会失衡，这会触发你体内的警报。如果你中过毒，你的大脑就会告知你的身体。你的身体，通常会倾听你的大脑，做出适当的反应。可能你会感到有点儿晕，或者有点儿恶心，就像你虽然没有动却晕车了一样。

在VR中，这被叫作模拟器病，病因多种多样。有一种比较简单的预防方法：你坐着的时候使用移动的VR设备，这样你就可以自由地转动你的头，而不需要转动身体。尽管如此，它仍然是一种限制存在感的因素。

和你在手机上使用的VR设备不同，专用的个人电脑驱动的头戴式显示器有自己特制的嵌入式屏幕和传感器，但是这要依赖于高功率的电脑。这种设备还有外部感受器，能够感受你的头戴式显示器在空间位置上的变化，让你能够真正在VR环境中移动，从而更容易实现存在感。为了能够真正定义存在感，以及说明它所能引发的反应，让我们看看许多人第一次体验 VR 的样子吧：当你第一次开始使用傲库路思·裂缝时，你会看到一个 VR 教学视频，而它在 2016 年上市时就已经成了第一个可用的高端 VR 系统。

进入梦想甲板

再一次想象你站在自家的客厅里，在一片白茫茫之中，站在半透明的圆形平台上。好吧，不站着。现实生活中你可能站着，但是你的身体并没有随着你进入虚拟现实。在这，你只是一双眼睛。“欢迎来到傲库路思的梦想甲板。”一个女人的声音响起。“梦想甲板”是一个为第一次使用 VR 的人准备的小套装。可能你已经猜到了，你是一个被动的观察者。白色逐渐隐为黑色，一个新的场景慢慢出现了。

你在一个看起来像潜水艇的结构的内部。在你前面你能看到一个潜望镜，地板铺满了瓷砖。光线昏暗，天花板和墙壁上仅有的几盏小灯不足以照亮整个空间。你的左边是由灯光和仪器组成的控制台，上面的文字清晰可见：装饰板、船体、潜水设备。在你身后，一道低矮的拱门通向船舱。你可以向潜望镜靠近一步，然后向前倾斜，这样你就能够更好地检查细节。大概 30 秒之后，场景慢慢淡出，另外的场景出现。

这个场景里没有可视的空间，只有黑暗。你的面前站着一只恐龙，灯光从上面照射下来。从侧面看，它很明显是霸王龙，但是它不比你高多少。它看起来像一个陈列品，所以你也变得勇敢不少；当你接近它的时候，它向你晃动它的头部，轻声低吼，它的尾巴来回摆动着。你离它如此近，以至你都能看到它脸上鳞片呈现的鹅卵石般的纹理以及舌头的颜色。这不是一种威胁，而是一种好奇——然后它慢慢淡出。

目前为止，前两个场景都非常逼真，其精度和纹理直逼那些大型的百视达电子游戏，现在你又身处另外一个地方了。这是一个山谷里的牧场，溪流穿过，但是——好吧，记得七巧板吗？就是你小时候玩过的，用各种长方形、平行四边形等摆出不同动物形状的扁平的纸板游戏。是的，现在你基本上就在七巧板的世界里了。这些树看起来就像小孩子画的 3D 版本：树冠是绿色的三角形。一只狐狸、一只麋鹿、一只兔子和你一起围坐在篝火旁——当然它们都是块状的，从狐狸的白嘴巴，到兔子可爱地耷拉着的左耳朵，到篝火上的三角形火焰。尽管这些动物没有表现眼睛的基本图形，但是它们能给你带来非常温馨宁静的感觉。篝火噼啪作响，溪流潺潺，头顶的蓝天点缀着蓬松的云（或者至少是与那种七巧板近似的白云）。一切安好。实际上，当你注视着这些动物时，它们似乎也在注视着你——麋鹿看起来在向你点头问候。它们就在这，和你一起，你得承认。就跟你抬头无意中发现树上有一个红衣主教一样。这个场景又消失了，下一个场景是什么？你肯定很好奇，后来发现自己身处……

……夜里，站在摩天大楼的边上向下看，几百英尺之下是街道，七巧板不见了。如果遵循着明显的装饰艺术美学的话，这些都是惊人的现实主义表达。当你环顾四周，你会发现你处在城市的天际线之间，周围都是类似的高楼大厦。你的左边，一艘飞船在头顶盘旋；你的右边，一座大桥向外延伸。还没等你体验这种沉浸感中的细节，画面又变淡了。

新的场景出现了，你站在一面巨大的、金边的穿衣镜旁。在倒影中，你能看到一张白色的大理石茶几，天花板上垂下的黄绿灯笼给房间增添了一抹暖意。镜子里的你看起来像个古老的老人雕像，留着长长的胡须。你左右转转头，你的影子和你同步在动。你向镜子倾斜，想仔细看看……一道光线突然照射下来，镜子里的脸变成一张华丽的面具，上面点缀着金色的装饰，眼部是空着的。脸上的笑容僵在那里，有点儿羞涩。但是，尽管面具也向你移动，哪怕你不能改变它的表情，你也很确信那就是你。但是很快面具又变了：这回是一个小小的紫色保险箱，金色的装饰让它看起来更像一张笑脸；然后变成太阳的雕刻物；然后变成一个画着女人脸的红色气球。这些物体和你一点儿都不像，但是它们能精准地模仿你的动作，以至你不可能不从它们身上看到自己。

这一次，当上一个场景再次淡出并出现新的场景之后，你就不在地球上了，而在白雪覆盖的地方对着陌生的天空。你面前的生物灰灰的，个子很矮。它那双黑黑的大眼睛很滑稽，向下噘着的嘴巴看起来像泽布洛克斯 4（Zarblox 4 游戏）里的瘾君子。然而，当它注意到你的时候，它的眼睛睁得大大的，皱着眉头打量着你。如果你走到它旁边，并蹲下身子打量这颗行星的岩石表面，这个小生物就会转过来看着你。这个生物对你说了些什么，然后你就站起来凑得更近了，再近一些。你怎么能不这样呢？这可是你第一次面对面遇上一个外星人啊。谢天谢地，它似乎并不讨厌你的入侵，尽管它对你似乎不会说它的语言有点儿失望。

下一个场景同样陌生，但是你可能小时候看过类似的科学节目，所以能够认出来：你被缩小到微生物水平，周围的世界是单纯的灰色，就像显微镜下显示的一样。你头上有一只螨虫盘踞着，红细胞和细菌从身边飘过。这个场景消失得很快，也就仅仅让你一窥其中的奥秘。

现在你来到一个小岛城市，你可以靠近一点儿仔细查看这个城市的建筑和整个城市正在发生的一切。这里的一切似乎都是纸做的，有深度，但是又是卡通的，富有迷人的色彩。那里有空中控制塔和跑道，那里有雪山和城市里最高的摩天大楼。你会注意到一个小的办公楼着火了，所以你低下头想仔细看看，你会看到消防车拉着云梯，一个小小的纸片人正在努力地提着水桶向火源处浇水。在更前面一点儿的位置，你能看到汽车经过居民区，另外一个纸片人靠在草坪躺椅上，旁边的木炭烤架吱吱作响。它就像理查德·斯凯瑞的书真的复活了一样，简直就是世界上最令人有身临其境之感的微缩景观，在这里消磨上一小时也不会觉得烦，你会一直想要透过橱窗打探这个城市的生活。

当然你不可能花一小时在这儿，所以是时候换个场景了。你现在来到一个平淡无奇的纯白的环境里，看到两只巨型机器手臂正在检测一个洗澡用的橡皮鸭玩具，它们还能指挥一支看不见的管弦乐队，指挥一场无害的光剑战斗。它和皮克斯的动画短片一样呆萌而迷人，这些机器本身也展示出不可否认的个性——而且它们差不多一样大。这个场景持续了差不多一分半钟。然而，这跟你坐在电影院前排看电影不同，你在场景之中。最终这个场景也慢慢淡去。

现在你在博物馆的长廊里。对着的墙上有一只恐龙嵌在岩石中；另一边的平台上放着一个霸王龙的头骨，上面的海报上写着“霸王龙展”。窗外是漆黑的夜晚，突然，你在走廊尽头的拐角看到什么东西。是那只最初在“甲板”场景中出现的霸王龙——唯一不同的是，要么是你缩小了，要么是它长得太快，因为当它慢慢靠近你的时候，你发现自己显然不是它的对手。它在你面前停了下来，低下头，发出巨大的吼声，从嘴里喷出蒸气和唾液。（你应该庆幸 VR 还没有引入嗅觉感知系统。）它用一只黄色的眼睛打量着你，然后直接跨过你继续向前走。它的下腹部从你的头上掠过，后腿大步地向前跨过你，尾巴几乎碰到你的头，最后在你身后慢慢地走向暗处。

到此为止，“甲板”旅程就结束了。你一会儿在水下，一会儿在天上。你也经历了外星人和昆虫的审视视角。你曾经和驯良的动物做过朋友，也曾经面对过嗜血的凶猛动物。你曾经和这些生物建立了微小、无言又真实的联系，你也曾坚信那个飘浮的气球就是你。你曾经被迷住过，被恐吓过，也曾感到好奇和迷茫。你感觉这次体验几乎花掉了一小时的时间。但是在现实中呢？这才花了 7 分钟。恭喜你，现在你知道“VR 时间”的神奇之处了吧。

但是更重要的是，现在你真的进入了头戴式显示器的世界——这个头戴式显示器之前把你和我们的这个故事体系分割开来——现在我希望你能更容易感觉到 VR 所激发的那种存在感和现实感。第一次体验通常会觉得这是一种魔法，但是后来的事情会让你印象更加深刻。好吧，我们继续吧。

第二章

孤独的山顶

从“在这里”到“去那里”

旧金山湾区因为其独特的自然风光而闻名遐迩，山麓和丘陵环抱着大部分海湾，为有幸居住在那儿的人提供了广阔的视野。（或者是那些有勇气徒步或者骑行到此的勇士。）无论你的山顶庄园多么富丽堂皇，或者你的双腿多么不知疲倦，你都无法体会我现在的感受：坐在马林海岬的高处，身处海湾 1 000 英尺以上的地方，远处旧金山的城市天际线映入眼帘，一派灯火辉煌。我右边可以看到金门大桥，左边是波浪形的伯克利山。这里晚上不允许其他人进入，所以只有我和星星相对。

尽管现在是秋天，又是晚上，我只穿着轻薄的衬衫和牛仔裤，但是我一点儿都不觉得冷。在湾区可能一年四季都需要穿羊毛衫，但是我不需要。我甚至都感受不到袭击该地区的强风。周围一片宁静，我深深地吸了一口周围的空气，想象着那干净的白色雾气充斥着我的胸腔。停了一下，我又慢慢地呼气，看着我嘴里的蒸气变成五彩缤纷的闪亮的钻石般的气流直冲夜空，一切是多么不可思议。我意识到，这就是我的工作截止日了：我还没准备好明天的推介会议，我也还没给母亲打电话呢，上周那个尴尬的采访还萦绕在脑海中。钻石一样的气流像篝火的余烬闪着光变淡了，随着我呼吸的持续，我的焦虑也慢慢变淡了。几分钟之后，我恢复了平静。

“好的，”在我身后的某个地方，克里斯·史密斯说，“给我一点儿时间，现在我带你去海滩。”我把头上的傲库路思·裂缝摘下来，环顾了一下四周。现实中，我确实坐得很高——但是并不是在孤独的山顶修道院里。我在硅谷丘陵地带的“意识黑客大厦”里。就是在这，我见到了史密斯和他的创意搭档埃里克·莱文，他们住在这，也在这工作，他们的工作区布满了代码、计算机光纤和传感器。事实上，在整个湾区，许多人都在努力将科学技术和新时代的哲学结合起来，显然这将最终改变人类的思想。如果他们能实现这一点，那么VR就会变成另外一个能实现内心宁静的事物，就像小狗史努比最喜欢的植物一样。

全宇宙意识——不需要致幻剂的那种

从个人角度来看，克里斯·史密斯和埃里克·莱文更像弦乐航班组合的翻版。史密斯个子比较矮，留着黑色的卷发，还留着一点点胡楂。莱文又高又瘦，戴着眼镜。从简历上看，他们两个完全不像会发生交集的人。史密斯在田纳西州东部的一个卫理公会小镇农场长大，莱文在圣路易斯接受教育，又去犹他州度过一段时间。然而，他们两个人都以一种熟悉的方式进入冥想，这种方式对于那些参与宿舍卧谈的人来说再熟悉不过了。

上大学时，史密斯是纳普斯特（Napster）的用户（还记得千禧年吗，孩子们？）。在这个音乐分享网站，他偶然发现一些“双耳节拍冥想曲”，这是一种通过向每只耳朵播放不同的音调来营造节拍错觉的声音场景。（支持者说通过协调你的大脑半球，双耳节拍冥想有各种作用，从改善记忆到减少焦虑，但是科学界从来没有支持过这类理论。）从那之后，一位助教开始让史密斯学习冥想，而当他几年之后搬到旧金山时，这种感觉越发强烈了。莱文也经历过类似的觉醒，只是更戏剧化一点儿，“这是我体验过的最强大的致幻剂了”，他说，并且管这个叫“全宇宙意识”。

因为不知道怎样处理这种体验，所以他开始阅读一些关于冥想的书。然而，他也有抑郁和焦虑的倾向，同时他还有其他两种经历——一个是他在某学生夏令营里做过志愿者，另一个是他几年以后去了一所医学院。这两种经历让他意识到，只有冥想，就像他说的那样，才能“将他从深渊中拖出”。但是医学院的抑郁危机对莱文的贡献是不仅仅让他成了冥想的信徒，更改变了他的职业轨迹。他决定用科技帮助人们改变自己。所以他从医学院退学，并且在犹他州获得计算机科学硕士学位。

当 VR 浪潮重新涌现时，他们俩都快 30 岁了，两个人立刻都被迷住了。史密斯辞去他在创业公司的工作，开始研究 VR 是如何帮助冥想的（反之亦然）。莱文之前在法国一个佛教寺庙度过了一个夏天，在那里致力于冥想的可视化，他突然意识到 VR 可能是解决问题的关键，但是他还没准备好独自创业。然而，当他们通过共同的朋友认识后没多久，莱文就决定追随史密斯，从那时起两人开始联手。“我能感觉到我获得了来自宇宙的启示。”莱文说。他给他工作的一家位于旧金山的 VR 公司写了辞职信，然后他和史密斯开始实验。

VR：把“它”放在“冥想”之中

压力有时候不是件坏事，但是绝对是个麻烦。不管是何种压力，比如来自工作、金钱、健康、人际关系的压力，甚至媒体的过度关注，超过 3/4 的人都在经历压力时出现过身体不适，大约一半的人会为此失眠。因此，如何应对压力成为过去几十年来一个重要的健康问题也就不足为奇了。20 世纪六七十年代冥想和瑜伽大流行之后，冥想的近亲出现了。到了 20 世纪 90 年代，“正念”这个词已经无处不在了。它的倡导者认为，只要意识到现在的情况，你就能利用更严格的冥想练习变得更冷静、更专注、更有效率。到了 21 世纪第一个十年，冥想和正念已经成为一种行业——不仅仅有那些自我训练的图书，而且它们已被美国主流社会采纳。奥普拉·温弗瑞对其精神导师兼作家埃克哈特·托利的品德大加赞赏，同时也力推他对“意识”的强调。像迪帕克·乔普拉这样精通市场营销的学者将所谓的新纪元带入一个新时代，他们通过一系列利润丰厚的书籍、静修活动和手机应用倡导身心的内在关联。

虽然乔普拉和他传说中的 8 000 万美元净资产似乎和 19 世纪那些贩卖长生不老药的人没什么区别，但是正念远非一个空壳。各种研究都发现，冥想和正念训练不仅可以帮助人们治疗焦虑症，还可以辅助治疗药物滥用、抑郁症，甚至能减轻疼痛。2011 年，哈佛大学医学院附属医院进行的一项研究发现，为期 8 周的基于正念的减压课程，与大脑各个区域的“灰质浓度显著提高”有相关性，这种提高与学习、记忆和意识都有明显的关系。

毫不意外的是，以理性著称的硅谷也加入这个行列。一个叫作“智慧 2.0”的会议已经变成一年一度的盛会，吸引着创业者和科技企业高管学习“数字时代的精神生活”。谷歌为它的员工提供了被称作“神经自我黑客”的冥想课程。史密斯和莱文在硅谷的山上居住的房子，其所有者是机器人专家米奇·西格尔，他在 2013 年创立了黑客觉醒组织。（黑客这个词在技术领域还是很性感的，经常被用于指代一些非常规的方法——即使像脸书这样的巨头，也把围绕其总部的那条路命名为“黑客之路”。）黑客觉醒组织的动机之一，在某种程度上来说，是相信“现代技术在科学的推动下，已经拥有了难以置信的（在很大程度上尚未实现）力量为心理学服务，并最终帮助人们获得精神和情感上的幸福”。

在我访问史密斯和莱文时，他们正在努力追求这种幸福感。“VR 的潜力在于它可以成为一种与潜意识互动的直接方式。”史密斯说，“传统的冥想实践是可视化的，但是你必须坚持打坐好几年才能达到这一境界。”但是在 VR 中，这种可视化是即刻的，史密斯和莱文认为媒介可以启动这一程序，让人进入冥想状态。所以他们两个可不仅仅是为了向我展示他们在修道院的经历，他们想创造一套设备，把它交给心理治疗师，让他们来治疗病人——病人家里可能没有 VR 设备，但是如果他们一周或两周能参与一次这种治疗就足够了。

这个过程甚至不需要治疗师。想象一下，如果你的办公室有一个冥想空间，甚至一个简单的、安静的多功能室，哪怕能让你安静地占用 10 ~ 20 分钟也行。里面有一个头戴式显示器，有一些能够检测你的心率和呼吸的传感器，有一套 VR 设备能够让你快速地进入“心流”状态，这可比坐下来进入冥想状态容易多了。

这对我来说简直就是天堂。我对于冥想并不陌生，但是即使在我最稳定的阶段，这对我来说也是一场自我战斗。如果计划打坐 20 分钟，那么我一定会花前一半时间，也有可能更多，把我脑子里的想法拼命地赶走。当我真正达到意识清晰的状态时，通常是我快结束的时候。就像在跑道上全力加速，然后不起飞一样。但是如果 VR 能够缩短滑行时间，让我顺利到达巡航高度的话，你可别拦着我。(我知道，我不是很开明，但是抱歉。）对于史密斯和莱文来说，最终的结局跟 VR 不一定有关系。但是不管你能不能掌握它，它都在对你大脑的掌握过程中高速发展着。“我们希望这项技术只是一个过渡，最终冥想可以变成你可以不依赖于技术而一天到晚使用的东西。”史密斯说。

意识，身体，体现

卡丽·希特的办公室和我想象中的她的大脑一模一样。她的房子隐藏在旧金山，几乎没有什么家具，墙上挂满了公告牌和打印文件：包括自然风光，给自己的笔记和康定斯基的画，许多康定斯基的画哟。她看起来很忙，但是也很专注，就和她的生活一样。

希特是密歇根大学媒体和信息学院的资深教授。尽管她在旧金山已经住了 30 年，但是她坚持在网上授课，引导全世界的学生在线讨论。她同时还设计游戏——但是不是《光环》或者《使命召唤》那样的。她称她的游戏作品为“严肃游戏”，意思是这些游戏可能会对社会和教育产生影响。

尽管她的大部分设计都是通过传统电脑进行的，但是她接触 VR 已经很长时间了。早在 20 世纪 90 年代，她和她的同事通过一种有点儿别扭的技术创造了一种体验，人们称为“二手 VR”。跟传统的头戴式显示器不同，参与者要戴上一副 3D 眼镜，站在蓝色幕布前面，由特制的摄影机进行拍摄。当他们看监视器时，他们会看到自己的一个 3D 虚拟图像，身处虚拟的海底世界。章鱼游了上来，抓住了他们的手臂。这不是我们如今意义上的 VR，但是通过观察自己的虚拟形象被虚拟生物触摸，你会产生惊人的存在感——在所有体验过的人之中，76% 的人会产生身体反应。20 年后，VR 的重生以一种意想不到的方式将希特拉回。差不多同时，她开始练习瑜伽和冥想，这些帮助她缓解了她的多发性硬化症。与专注于某个特定的地方或特定的指令不同——想象一下你在草坪上，或者说，专注于你的呼吸，这是希特最喜欢的建立环境的方式，然后她会把这种想象和放松练习结合起来。随着身体的放松，呼吸也得到放松，最终思想慢慢平静下来。随着时间的延长，这种练习在大脑和身体之间建立起联系。“用设计软件的话来说，”希特说，“这就叫面向对象的冥想。”

越是放松呼吸，越是知道放松是一种什么感觉，这一过程与她所思考的场景联系得越好。她曾经非常高效地学习如何思考、如何感受——这种能力不是大脑与生俱来的，需要一点儿训练。作为人类，我们一直在不断思考。甚至当我们放松的时候，我们的大脑也积极活跃着，就跟我们解数学题时一样。我们能改变的仅仅是我们思考的内容，而不是我们是不是在思考，而当我们有这些想法的时候，我们大脑的一部分也在思考。当我们不需要专注于任何一个需要积极参与的外部任务时，大脑中一个叫作“默认模式网络”的系统就会启动。许多科学家相信，默认模式网络最简单的目的，就是让我们能够把足够的注意力集中于外部世界，去注意是不是有意外的事情发生。这一系统听起来好像没什么用处，但是对于一个几千年前在大草原上狩猎采集的人来说，它很可能会派上用场。

但是，在我们自我反省的时候，默认模式网络也会启动——当我们回忆过往，当我们思考未来，或者当我们经历道德冲突的时候。这些，希特说，就是苦恼的来源。大脑中的默认模式网络在现代社会看来就是“走神”。“我们反思过去，我们担忧未来。或者我们可能正在规划未来，甚至有一点儿富有成效的思考。但是总体来说，这种‘思绪飘忽’并不是快乐的感受。而且我们在清醒的时候时间都花在这上面了，而没有专注于感受我们当下正在体验的东西。”

希特利用冥想帮助自己设计了一些手机应用程序，而且研究也发现冥想可以帮助我们让那些“思绪飘忽”的情绪平静下来。在她的一项研究中，她和她的同事为临终关怀和姑息治疗领域的医护人员创建了一个为期 6 周的平静冥想项目，以帮助他们应对希特所说的“巨大的工作压力”。在短短 6 周内，他们发现研究对象在倦怠感和同情疲劳感（即同情感受力）下降方面有所改善——这两种都是护理人员常见的压力障碍。

当 VR 浪潮回归的时候，她意识到她有机会帮助更多的人了。“许多人甚至都不希望坐下来闭目养神，哪怕 10 分钟，”希特说，“但是看看窗外的风景或者美丽的大自然的照片，都能缓解压力。”她推测说，也许 VR 可以帮助更多的人进入冥想：即使他们睁着眼睛，也能有所获益。她的冥想导师是一个叫作马塞尔·奥尔布里顿的男人，他也是一位治疗师，于是他们开始纠结 VR 冥想到底是什么感觉——VR 如何才能帮助人们增强对身体的感知能力，让人更好地识别自己的情绪，关掉脑子中那些“飘忽的思绪”。

答案就在她的电脑上。她递给我一个头戴式显示器，我戴上之后发现自己身处西班牙阳光海岸的虚拟场景中。跟真正的西班牙旅行不同，整个海滩只有我自己，风景美极了：沙滩上点缀着棕榈树，岩石从水面探出头来。我能听见海浪的声音和海鸟的鸣叫，这种声音很快就和我耳机里传来的男声混杂在一起。这个声音告诉我要融入场景，观察和倾听周围的一切。我试了一下之后，这个声音让我试着感知我的身体。“感受一下你的手，”他说，“看看你坐在什么上面了。”如果没有提示我是意识不到的，后来我发现我的胳膊放在椅子的扶手上，一只脚笨拙地缩在我的身体下面。我调整了一下我的姿势，这样我的双手放在膝盖上，可以坐得稳稳的。

很快，我就感到我的身体放松下来，以一种我从未体验过的张力——后来这种张力消失，为一种顿悟所取代。如果你是瑜伽爱好者，或者你每天都通过冥想练习瑜伽，那么你可能已经习惯了审视自己的身体并放松下来，但我不是。从小到大，我的姿势和灵活性都很差，但是我自己意识不到。我不知道当我坐着的时候姿势有多别扭，但后来我感受到它的影响。一个简单的声音提示帮助我注意到这种坐姿，然后纠正它，我的身体平静下来，我的大脑也随之平静下来。

这其中的关键，希特说，就是一种叫作“内感受”的东西。这个术语近年来在心理学领域得到广泛应用，主要指对身体感觉的感知——比如，我注意到自己坐得很不舒服，或者我的胳膊肘放在椅子的扶手上让我的肩膀微微前倾。毫不奇怪的是，正念冥想似乎提高了内感受。希特和奥尔布里顿正是利用这个构架了我对西班牙阳光海岸的冥想。首先，我融入环境，然后感受到我的身体，最后把二者结合起来。VR 和内感受的结合实现了她所说的“身临其境”：你不仅可以感觉到你在 VR 环境中，而且由于你的意识将你的身体感觉也带入 VR，这是一种更完整、更生动的身临其境。事实证明，这种感觉是双向的。

在我拜访希特之后的那个周末，我妻子和我在我家附近的山上徒步旅行，那里可以俯瞰整个奥克兰。当我们还住在纽约的时候，我们就养成了这种爱好，我发现这对我来说是整理头脑最好的方法之一。这条特别的小路位于山脊的高处，金色的阳光照着旧金山，时值温暖的 1 月，在这样的一个下午，很难想象还有比这更平静的时光了。我停下脚步环顾四周，在我的左边，有一个长满草的小丘陵；在我的右边，一排桦树延伸至山脚。在我的周围，树叶在微风中沙沙作响。太阳正从地平线升起，而我转过脸去迎着蓝天，一缕缕卷云出现在东方，风景简直是完美的。然而，我发现自己一直在搜寻着什么。究竟是什么呢？我没意识到，直到我突然明白——我在寻找像素。

获得生物反馈的宝宝

就像大多数人试图弄明白如何让 VR 成为自我发现的设备一样，乔希·法尔卡斯利用他的程序去实践。当他 10 年前辞去平面设计的工作开始独立创业以来，他饱受质疑的困扰，“在失败了几十次之后”，为了应对压力，他开始学习冥想和正念。“这是我人生的转折点，”他说，“它们能够让事情变得可控。”

然而，当他想让别人也开始体会冥想时，他就没有那么好的运气了。他们说，“好吧，这不适合我”，或者他们觉得这个建议很奇怪。“对于冥想来说，最沮丧的事情就是那些真正做得好的人却不是最需要它的人。”他说，“如果你能进入自己内心特别的地方，你肯定会做得很好——问题是那些真正需要的人不肯这么做。”

因此当 VR 浪潮来袭时，现年 34 岁的法尔卡斯意识到 VR 可能是让人们看到光明的最好的方式。于是他开发出引导冥想 VR，一个……好吧，引导冥想的手机程序。当你开始使用该程序时，你可以从十几个环境中选择一个，范围从哈纳山谷的寺庙到沙漠峡谷，到外太空，再到阳光海岸。（法尔卡斯可是卡丽·希特的粉丝，给了她一个定制版的环境，让她自己发展她的冥想。）你可以选择一种平稳的体验，也可以选择一种动态模式，感觉你似乎在慢慢地飞越里面的风景。下一步，你需要选择你想做哪种冥想：放松一下？同情？正念？然后你选择音乐，选择时长，然后选择你目前的情绪状态。有成千上万种排列组合，随着菜单不断被细化，你的体验也会越来越丰富和个性化。

接下来就是比较有趣的部分了。如果你正在使用手机版的引导冥想应用程序，它会利用手机的前置摄像头感应你冥想前后的心率；如果你用的是高功率电脑版本，它可以通过内置的麦克风感受你的呼吸。当你冥想结束时也有类似的过程。（摄像头和麦克风肯定不像专业的呼吸心率监测仪那样精确，就是大致评估一下你的压力水平。）换句话说，你不只是能够直接感受冥想对你心情的影响，而是可以看到它的影响。现在，当法尔卡斯参加会议谈论 VR 的潜力时，他会说，有时人们会走上来拥抱他。一个用户说，多亏了他的手机应用程序，在他的孩子死后，他才能真正好好睡上一夜。还有一个澳大利亚的小学生写信说，他马上要做手术了，是这个手机应用程序缓解了他的压力。这个孩子写道："每次我感受到压力的时候，我就会想象一下日本，然后我感觉到自己坐在那里望着眼前的河流。""这让我不寒而栗。"法尔卡斯说。它比家人更强大。法尔卡斯看到了未来，在未来，VR 减压装置可能成为牙医诊所和其他医疗机构的主打产品。

事实上，像引导冥想 VR 这种手机应用程序只是 VR 帮助你了解自身并学会自我调节的第一步。众所周知，"生物反馈"就是一种把你的大脑和身体连接起来的训练。研究发现，生物反馈可以有效地治疗尿失禁和晕车这类问题，而且它作为一种辅助治疗焦虑的工具，已经成了众多研究的焦点。心率，你可能猜到了，是其中一个重要指标。如果你在手机上使用过与心率相关的应用程序，你很可能会比较熟悉这种奇怪的但是居然有治疗效果的模式：如果你在监测心率的时候观看读数，那么你可以通过让自己深呼吸来降低心率。（当然，另一方面，如果你心率过高可能会感到紧张，从而迫使心率升得更高。）

你做的次数越多，你就对这种身体与精神关联的感觉越熟悉，你就越容易降低你的心率——就像冥想一样。

不难看出它未来的走向。简单的心率只是个开始。随着传感器越做越小，功能越来越强大，头戴式显示器不仅能够监测呼吸，还能够监测心率的变异性——每次心率间隔的周期。（简单来说，你的心率变异性越大，说明你的状况越好。）同时，这些数据还可以转化为可视的线索——这些线索可以帮助初学者看到一些明显的好处。例如，相比之前你努力地试图让自己的心率下降，现在你可以直观地看到并感受到自己呼吸色彩的改变。之前需要花费数年练习的事情，现在看来，分分钟就能被搞定。就像克里斯·史密斯和埃里克·莱文的原型机一样，我已经可以坐在山顶，向夜空中呼出一缕缕闪闪发光的空气了，这种呼吸感觉就围绕在我的身边。在 2018 年 1 月的一个电子交易展会上，一种头戴式显示器甚至已经内置了脑电图传感装置。

但是，事情发展得太快并不意味着一切都很完美。几个月前，在我访问了意识黑客大厦之后，我给史密斯发邮件问他我能不能再去拜访他，看看最近有什么新进展。“我们这边有很多新东西。”他很兴奋地回复。结果是莱文跑到了南美去“寻找更深层次的精神之路”，而史密斯正在开发别的项目。这一点儿也不让人惊讶，所有发生在 VR 领域的研发，尽管很疯狂，但都是小打小闹，作为创业企业也很有可能会改变路线。在我的 VR 之旅中，这只是第一步。没有它们的帮助，我的 VR 之旅也不得不继续。

“进来”“出去”以及共存的技巧

无论是在豪宅还是在凌乱的办公室，或是在我自己的房子里，全部的 VR 都有一个共同点，那就是我，只有我自己。人们的预期就是这样，冥想往往就是一种专注于内心的联系。但是 VR 并不是要你通过闭关修炼才能改变你的自我认知——至少当我看着雷·麦克卢尔工作室的时钟时，我是这么想的。他和我……好吧，要这么说并不容易，我们已经嘀嘀咕咕了半个多小时。麦克卢尔是灰色地带艺术基金会的常驻艺术家，这是一个数字孵化项目，地点在旧金山教会区一个历史悠久的电影院内。（是的，就是大部分人所能描述出来的湾区的样子。）他 40 岁了，留着小胡子，非常健谈，就像弦乐里的切分音一样充满活力，就像一个拉绳的马达那样一直不停。十多年前，他是推特的第一批雇员之一，凭此获得的股票期权让他有足够的钱在城里买房子开画廊。（好吧，这回可能是大部分人能描述出来的湾区的样子。）现在，他和他的创意搭档创造了一种虚拟现实体验，让你可以和他人一起创作一种随心所欲的、标新立异的、有时候不那么让人舒服的艺术。

VVVR，“可视语音虚拟现实”（visual voice virtual reality 的首字母组成的缩略词）是一种新的社交系统，可以把幻想和现实结合起来，在一个超越语言的空间里，让人们真正实现自由交流。这不是冥想，尽管二者有一些明显的相似之处——这一点当我和雷面对面坐在垫子上，戴上头戴式显示器时，就已经显现出来。

我意识到的第一件事就是，我们都盘腿坐在那里，像现实生活中一样，我们相距大概 6 英尺，身边被一片白色笼罩着。第二件事就是我们都是秃头、蓝皮肤，只穿着飘逸的长袍。第三件事是当他开始向我解释应该怎么做时，一长串立方体和球体的气流从他嘴里飘出来。在 VVVR 里，你的声音是控制器，你要做的仅仅是用它来创造艺术。你的声音类型以及音高——无论是洪亮的嗯嗯嗯，还是一个间断的咔，或是高音的啊啊啊，都决定着图形的形状和色彩，最终形成你嘴里吐出来的一串图形。有些是橙色的尖尖的，有些是绿色的圆圆的……只有通过实验我才能弄明白怎么使用它，比如，建造一座金字塔。但是为了实现这个，我需要做一些重要的事情：超越自己。

即使是现在，在虚拟现实变得很容易的两三年之后，自我意识仍然可能是 VR 技术面临的最大威胁，而不是人体工程学、模拟器病，或价格。自我意识甚至不是一个公司能解决的问题——它完全取决于戴头戴式显示器的人。这也不是一个明显的问题：自我意识并不会阻止人们在自己家里玩 VR 游戏，或者和别人一起在 VR 里看电影。这只是在其他人周围使用 VR 时的一个因素。

这取决于你周围的环境，有时候这种别扭是有道理的。你不会在地铁上戴上 VR 头戴式显示器，对吧？为什么要在 VR 里实现现实中类似的场景呢？（航空旅行是一个很大的例外，在飞机上我们都戴着睡眠眼罩，对于那些想在飞机上看电影或者上网的人来说，VR 头戴式显示器变得越来越流行，他们不需要提醒自己实际上他们坐在离地面 7 英里以上的铁皮仓里，周围还有一大堆陌生人。）这也是这种头戴式显示器早期的功能之一。就像倒霉的谷歌，在玻璃被撞了之后立刻给所有玻璃贴上了“玻璃窗”字样一样，“比你还蠢的技术人员，花了 1 500 美元就为了让一封电子邮件出现在他们的面前”——对于书呆子来说，一些 VR 头戴式显示器看起来就跟看电视一样。为什么你能在广告中看到人们戴着 VR 头戴式显示器，在咖啡店里却看不到？抛开安全和审美不谈，还有一股更阴险的力量在作怪，从社会学角度讲，这可能与“遵守社会规范”有关，但实际上是因为人们害怕一些奇怪的事情。想想看，VR 是你能体验而别人体验不到的东西。这意味着你的行为都是由你戴着的 VR 头戴式显示器决定的——比如，当你看到霸王龙出现在走廊尽头时，你会惊讶地大口喘气；或者当你蹲下身子检查地面上的什么东西时，你的行为会与其他人的行为不一致。你觉得自己有这个自信吗？你不在意别人对你的看法反而感到自豪？那是因为你没有被要求坐在公共场所，戴着 VR 头戴式显示器，不停地胡言乱语。

即使和麦克卢尔一起坐在他的私人办公室，想要这么做也很困难。“啊啊啊啊啊啊啊啊啊啊啊啊啊啊啊”，张大嘴，好像你对面坐着个看不见的牙医要求你那样做似的。我可以在我的耳机里听到我的声音，虽然它听起来比平时更洪亮，但那还是我的声音。坦白说，我觉得自己像个十足的傻瓜。但是当嘴里真的有一股意识流出现时，制造意识流噪声就容易多了。我左右转动头部，看着这些形状和颜色随着我的发声而散开。“啦啦啦啦啦啦啦啦啦，呐呐呐呐呐呐呐呐呐，哈哈哈哈哈哈哈哈哈哈，嘎嘎嘎嘎嘎嘎嘎嘎，捏哈哈哈哈哈哈哈”（我现在在用假声），“啊哈哈哈哈哈哈哈哈哈，咦咦。吼吼吼吼吼吼吼吼，嘛嘛嘛嘛嘛嘛嘛嘛嘛”。

坦白讲，只有重复听一遍我这段声音的录音我才能描述出来这些声音。但是在此刻，我想的不是我发出的声音，而是我嘴里飘出的这些颜色和形状，以及对面那个蓝色秃头的麦克卢尔。更大的、弥漫的彩云开始飘过头顶，为我们本来就很小的环境增添了一丝氛围。

慢慢地，我意识到，我的注意力已经转移了。当我第一次戴上头戴式显示器的时候，我敏锐地意识到自己同时身处两地：头戴式显示器里面的此处和外面的彼处。当然，我现在在 VR 里体验了存在感，但是我很想知道别人眼中的我是什么样子的。（而且，让我们面对现实吧，我在很多方面做得都很出色。）但是，当麦克卢尔和我一起创造了一种视觉语言时，那种自我意识消退了，我同时跨越“此处”和“彼处”的感觉也消失了。现在，我就在这里。同样重要的是（相信我，我知道这听起来有多重要）在这里，我只是现在。

我不是唯一一个被这种经历吸引的人。麦克卢尔和他的搭档带 VVVR 去了几次聚会，其中有一次是由电影导演大卫·林奇召集的一场只有受邀者才能参加的叫作“颠覆节”的秘密活动。在一个周末，他们把数百人放入 VVVR，一次两个人。演员欧文·威尔逊喜欢它，罗伯特·普兰特的乐队也喜欢。麦克卢尔给我播放了一段他们拍摄的蒙太奇视频：人们一个接一个地在他们和对方发出的声音中迷失了自己。尽管有一屋子的人在眼前，但是他们一点儿也不尴尬。用疯克德里克乐队的话来说，这是一个通过释放声音释放你思想的明显例子。

最后，我想问麦克卢尔一个问题，但是用实际的语言污染我们的声音世界是不对的。除此之外，我感觉在那里只待了 5 分钟，最多 10 分钟。我摘下耳机，抬头看了看时钟，23 分钟。

那是你的虚拟时间——我上班开会要迟到了。当我离开灰色地带剧院，叫了一辆网约车回到办公室时，我注意到司机前排座位后面的口袋里塞满了照片。这些都是她和名人在她车里的自拍照，有一个节奏布鲁斯歌手、一个足球运动员和一个演员。

我不得不承认，我的第一反应并不好。我开始在心里嘲笑，你为什么要那么做？你为什么要用偶然发生的事情来打动别人？但很快，我就意识到自己在做什么：毫无理由地评判她，只是因为她做了一些让她自己开心的事情。我回想起不久前，我和雷·麦克卢尔坐在一起无聊地闲聊。在那个空间里，我只想着我正在做的事情。我没有感觉到自己的判断，没有期待，也没有担心自己的长相和声音。每个人都应该那样生活。于是我在车的座位上向前倾，我问司机："告诉我你遇到过的最好的名人是谁？"

第三章

刺猬的爱

社会存在的工程感觉

2015年1月，那时消费型的头戴式显示器还有一年多才上市——然而圣丹斯电影节已经掀起了VR的热潮。电影节新设立的前沿项目，旨在庆祝“电影、艺术、媒体、现场表演、音乐和技术的融合”，电影节展示了13个项目，其中8个项目是VF。里面涉及的内容从一部关于叙利亚难民儿童的短片（《叙利亚项目》），到日本怪兽电影（《怪兽之怒》），到关于约会强奸的思考短片（《透视》，第一章），到关于VR本身的纪录片（《零点》）。所有这些，是的，都很短。但是更重要的是，这些电影和其他电影都不同，它们都朝着自己的创作方向迈出了一小步，都试图弄清VR电影制作的新规则。后来人们认为那一年是一个转折点，很快该电影节就设立了一个独立的VR项目，允许这些短片作品报名。不过回头来看，圣丹斯电影节上最重要的VR片段并不是这个电影节的入选片段之一。它甚至不算是一部你可以欣赏的完整的作品。它只是顺便提到的一个标题和简介，它介绍了傲库路思未来将要制作的一部动画短片。该公司表示，它将制作的这个喜剧名叫《亨利》，主要讲述一只热爱气球的刺猬的故事。尽管它只有12分钟，但它意味着很多很多。

不能拥抱的刺猬

这部动画片开始的时候，你坐在一间公寓里，基本上是那种经典的卡通动物房间：一部分像伊沃克人的村庄，一部分像艺术家的小屋。（说真的，伊沃克人不就是拿着长矛的刺猬吗？）墙上有一系列相框，地板中间一个粗壮的树墩是咖啡桌。在你身后，有一个熊熊燃烧的火炉，旁边放着一把安乐椅。炉子上放着一个烧水壶，椅子旁边堆着一叠报纸。但是，在亨利的家里，这可是不同寻常的一天。你头上，有一堆动物形状的气球，旁边串着一串树叶，树叶上写着生日快乐。左边的声音提示你有人正在厨房忙碌着。如果你想向前探探身子看得更清楚些，你会看到亨利正在心不在焉地用可爱的高音刺猬腔喃喃自语。最后，亨利走出来，端着一份大餐：盘子里放着一个草莓，上面覆盖着一团生奶油。这一切是如此可爱，就像你正在看皮克斯的动画片，然后直接走入屏幕一样。

当然，如果这是皮克斯电影的话，应该是《机器人总动员》。因为当亨利在草莓上插上一根蜡烛之后，你就不那么开心了。你慢慢意识到，这虽然是亨利的生日，但是没有人给他庆祝。他努力装作勇敢，把一些五彩的纸屑扔在空中，自己发出一点儿小的噪声，假装一切很热闹。但是即使偶尔爬过桌子的瓢虫也不愿意和他一起庆祝。当他的目光投向你，他开始发出一声悲鸣，这时候你肯定想不顾一切地把他带回家。

但是为什么会有这种感觉呢？一部分原因是人物设计得很巧妙，跟大部分迪士尼电影一样：他眼睛睁得大大的，小小的愿望让人心碎

（我就想要一个朋、朋、朋友！他低声啜泣着）。还有一部分原因是动画充满了讽刺意味：当他的愿望实现时，气球上的动物活了过来，他们却害怕他的刺，尽管刺猬很想拥抱他们，他们却拼命地想躲开。重要的是，尽管你是隐身的，但是你以一种非常重要的方式存在着。你不只是目击者，你是场景里的服务员。

当亨利看着你时，你不再是旁观者，你已经进入他的世界

如果这听起来不太合理，那么你可以想象一下，如果《亨利》只是一部普通的、在电影院就能看到的大银幕电影，它会是什么样子的。（当然，这回也不用为亨利感到太伤心。没有剧透，但是故事会以一种温暖人心的方式进行。）你会看到他的房间，但是你只能看到

那些编剧和导演认为对于故事必要的东西，而且只能看到他们认为最有意义的东西。你会看到亨利把蜡烛插在草莓上，会听到他吹小喇叭，但是当他感到孤独痛苦时，他是不会看镜头的——他只是渴望地望着窗外。当那些气球动物复活时，你不会看到亨利从惊喜变成沮丧的反应，而只能看到他在公寓里追着气球跑的一连串快镜头。换句话说，每个情感节拍都是编剧导演编排的，然后呈现给你。

但是在 VR 里，你就在那个场景中。你一直都在，从头到尾，没有中断。你可以看到和感知亨利经历的一切。可能最重要的是，他也能看到你。他的眼神锁定在你身上，他也意识到你的存在。他会打破第四面墙——如果你还没翻墙进到他的公寓。

还记得存在吗？这就是社会存在的开端。有想法当然很酷，但是能和亨利进行眼神交流才是迈向未来的第一步。

社会存在感：共享经历之源

时光倒流回 1992 年，我们的朋友卡丽·希特指出，存在感——就是那种你真的在 VR 中身临其境的感觉，是三维的。三个维度分别是个人的存在，环境的存在，以及社会的存在。而她对存在感的定义是你在别人身边，而且他们也能够意识到你的存在。

如果 VR 世界里有其他人，实际上就为真实世界的存在提供了更多的证据。在好莱坞的科幻电影中有一个主题就是隐身人，别人看不到他，而他能够自由地在人群中移动，甚至能穿过人的身体。这在 VR 中就是存在感降低的一个例子。但是，如果在 VR 中别人能够意识到你的存在并且和你互动，就为你的存在提供了更多的证据。

正如如果你能在 VR 中移动，你就会获得更多的真实感一样，如果有人在虚拟世界中注意到你，那么你的真实感也会增加。当亨利看着你的时候，他就是在看着你。当然，当人们在 25 年前想象 VR 的时候，他们可能不会想到未来会有这么一只可爱的小刺猬出现。但是，希特还是为非人类生物的存在留下了一定的空间：即使是电脑合成的生物也可能给人类带来社会存在感。

动画片《亨利》的存在感最神奇的地方在于，你根本没有身处其中。我不是说你没有在 VR 中，我的意思是，当你低头看自己的时候，你看不到自己的身体——没有手，没有腿，没有能证明你在这个故事里的证据。你也没办法和亨利互动，甚至即使你说话，他也听不到。简单来说，你就是故事里陌生而害羞的客人而已。（当然，也可能是最好的客人。）除了他能够注视你的双眼之外，你们之间没有什么交流。

但是以上这些还远远不够。打破第四道墙的整个概念，是建立在虚拟人物形象自身跨越了想象和现实之间的鸿沟，直面观众的基础上的。

自从 20 世纪 90 年代奥列佛・哈台第一次用愤怒的眼神看着镜头以来，电影和电视里的角色都曾模仿过这一举动。回想一下菲利斯・比勒的《春天不是读书天》吧，或者《天使爱美丽》中的艾米莉，《死侍》中的死侍。注意到趋势了吗？但是这种现象不仅仅局限于名义上的那些人物。例如在《安妮・霍尔》中，伍迪・艾伦处理第四面墙的方法，就像他扮演的角色吸入可卡因后打了个喷嚏一样明显。

但是，再强调一下，考虑到这些角色是二维电影中的，有时他们令你惊讶，但大多数时候他们都很有趣。他们很少能激发出你严肃的思考，或者能够在角色和观众之间建立起联系。但是在《亨利》中，那些目光相对的时刻所产生的影响远远超过任何一个杂耍小丑玩弄的杯子或者超级英雄讲的段子。

那么在这些瞬间究竟发生了什么？这得看情况。眼神交流，或者像社会学家形容的“相互凝视”，可能会产生相当多的火花。在 1989 年，三个心理学家决定验证一个自从查尔斯·达尔文以来就存在的观点：情绪不是行为的原因，而是行为的结果。

为了证实这个观点，他们的实验召集了近 100 所大学的毕业生，然后将他们随机分成 48 组，每组 1 名男生 1 名女生——首先，要确保他们互不相识，然后让他们待在测试室内。在接下来的两分钟内，每个人都接收到如下三条指令。

（1）看着对方的手。

（2）数数对方眨眼的次数。

（3）注视着对方的眼睛。

两分钟后，男生女生被带到不同的房间，每个人都填写了一份鲁宾爱情量表（不幸的是，与爱情无关）。根据这些指令，（实验）有 5 种不同的结局，但是只有其中一种会发生对视。正如心理学家预测的那样，与其他组的志愿者相比，互相对视的男女生组合流露出更多的爱意。结果都很好，但是实验者认为鲁宾爱情量表里的爱意比较有限（嘿！），所以他们开展了第二个实验。

他们写道，鲁宾爱情量表衡量的是“性格之爱”——例如，人们是否可能原谅他们的实验搭档。这个量表更多地测量的是人们对于特定行为的反应，而不是情绪本身。研究人员想看看陌生人之间的互相对视是否真的能引发“激情之爱”，这是一种基于生理唤醒的反应。所以这次，他们把 36 对陌生男女放在一起进行研究，告诉志愿者他们正在参与一项超感知测试。在实验开始之前，每个志愿者都要填写一份问卷，里面的内容不仅包含鲁宾爱情量表，也包括一些基于真实夫妻的采访提炼出来的关于激情之爱的问题。例如，他们必须对某种问题的同意或者不同意程度进行打分，如“当我看到＿＿＿＿＿时，我会感到很兴奋”。

关于“超感知测试”（那是 1989 年，《捉鬼敢死队 2》正好上映），志愿者们同样被带到一个房间里，大家互相注视着对方的眼睛，或者对方的手。不过，这一次，有的房间是正常照明，有的房间灯光昏暗，旁边还有爵士乐伴奏。两分钟后，志愿者被要求进行第二次超感知测试。在这个测试中，一个人做出夸张的微笑、皱眉等面部表情，而他的同伴则被要求描述这个人的特征。然后他们填写了新的问卷。

正如预期的那样，相互对视产生了更多的激情之爱，爵士乐和昏暗的灯光也是一样。但是，结果也有一点儿令人惊讶，那就是这种“浪漫的环境”只会影响那些本身就容易被表情打动的人。换句话说，如果这个人笑了就会高兴，或者皱眉了就会生气，那么他更容易被浪漫的环境感染。对他们来说，很多不同的行为都能引起情绪的波动。

但即使和其他人在一起，长时间的眼神交流也会激起情感上的共鸣。

这一切究竟意味着什么？好吧，这意味着不是每个人都会像他们在实验中那样，轻易地被一张流畅的爵士乐专辑吸引。这意味着，人们有不同的开关，有些人很容易接收到外部世界的暗示。这也意味着，眼睛不仅是灵魂的窗口，也是内心的窗口，甚至是性欲的窗口。

在你开始愤怒地给我写电子邮件之前，我不是建议你应该多多培养对这只小刺猬的喜爱，我只是说，像眼神接触这样偶然的事件也会产生真实的效果。在沉浸式的 VR 环境中，当存在成了一部分，其产生的结果可能比真实世界本身还要深远。看起来感觉——即使是对一个电脑合成的动物的感觉，也是可以被加工和编辑的。如果 VR 能在你和一只小刺猬之间建立起联系，想象一下，如果换成是电脑合成的真人那么结果会怎样。在 VR 里，你其实早就准备好了开始建立连接，因此那种由眼入心的感觉会变得更有分量。

从被动到大量（非常重要）

《亨利》的影响不仅仅局限于头戴式显示器本身：2016 年，这部短片成了首部获得艾美奖的原创 VR 内容。但是，尽管它的奖座上写着“互动媒体的杰出创意成就——原创互动节目”，但它的互动性还是有限的。当你参观亨利的公寓时，你只是在那里观看，而不是融入其中。

但是无论如何，VR 至少已经赢得了一个电视大奖，这是一个集卡通、视频游戏于一体的，前所未有的东西。这个行业发展得如此迅速，以至老牌好莱坞电影公司和 VR 创意公司都聚集在这个没有明确定义的领域。那么问题就来了，人们需要就一些共同的术语达成一致意见。简单的“VR”一词毕竟太模糊了，它可能意味着头戴式显示器里发生的任何事情，从视频游戏到冥想环境。“电影制作”就其本身而言是一个术语，但是这个术语现在已经过时了；当没有电影，也没有框架的时候，你怎么称呼它？在寻找一个合适的术语时，创作者默认使用最通用的术语——“讲故事”。像《亨利》这样的短片被称为“体验”，这是有道理的：你看了，玩了，也确实经历了。

随着 VR 叙事的发展和 VR 体验的激增，《亨利》也加入其他电脑合成短片的行列。《玫瑰与我》是一个受公主系列故事启发写出的小故事，讲述的是一个小男孩意外地找到一个朋友的经历。同年，猴面包树工作室——由《马达加斯加》这部动画电影的导演兼编剧共同创办的 VR 公司发布了作品《入侵》。这是一部迷人的喜剧短片，讲述了一只大眼睛兔子保卫地球、抵御外星人入侵的故事。

它们都在电影节上展映过，也都获得业界的好评，但它们仅仅是个开始。到目前为止，傲库路思故事工作室、彭罗斯工作室和猴面包树工作室都已发布多部体验片段，其中一些已经向全新的方向迈出脚步。（然而，傲库路思故事工作室已于 2017 年停止运营，其高管贾森·鲁宾写道：“既然有一大群电影人和开发者致力于叙事式的 VR 艺术形式，我们应该把重点放在为他们的内容提供资金和技术支持上。”）VR 体验不再是皮克斯动画的翻版，它引发的反应是“哇！哇！”。有些是对悲伤和爱的沉思，在傲库路思故事工作室出品的令人惊叹的《亲爱的安吉莉卡》中，一个小女孩读着已故母亲的来信，她的母亲是一名演员，而这位母亲的电影表演呈现在整个虚拟空间中。还有一些作品，比如彭罗斯工作室的《艾露美》，向你展现了一座飘浮的城市，你可以像窥探 VR 立体模型一样窥视这座城市，以追踪这个悲伤的故事。(就像《玫瑰与我》会让你有一种《小王子》的感觉一样，《卖火柴的小女孩》则是《艾露美》的灵感源泉。)

我们以前见过这种情形——那是一个多世纪以前电影刚问世的时候。正如卢米埃尔兄弟在 1895 年《火车到站》中创造的火车冲向屏幕的幻觉和 1902 年《月球旅行记》展示的场景一样，早期的 VR 先驱们讲故事的方式也是如此。现代电影花费了几十年的时间才创造出现在的视觉语言：剪辑、倒转角度和蒙太奇。这些对当代观众来说可能一点儿都不陌生，但是在过去，每一种技法都是导演在新媒体限制之下的疯狂尝试。

不过既然 VR 把你带到框架里，这些限制就没有了——是时候让新一代的故事讲述者开始尝试一些新的叙事技巧了。这些技巧大部分是为了吸引你的注意力，VR 体验并没有设置条条框框来限制你的注意力，因此创作者需要自己摸索出一种方法让你在 360° 的 VR 中注意其中最重要的关系。

但是最有趣的新技术将会延续《亨利》的传统，在你和角色之间建立联系。比如在《入侵》中，如果你低头看自己的身体，你会意识到你不仅仅是在看一只兔子——你自己就是一只兔子。这会改变你和角色之间的动态关系。在这个过程中，兔子跳了一小段舞蹈；当《入侵》第一次在电影节放映的时候，人们戴着头戴式显示器和兔子翩翩起舞，大家就陷入了一个罕见的场景中，此时人和动物的物种亲缘关系如此之近。

然而，在早期的 VR 体验中，有一个共同的主线始终存在：你存在于框架中，甚至剧中的人物可能认识你，但是你没有权限改变它。故事可以与你互动，而不是你与故事互动。所以问题来了：有没有一种方法可以让你进入一种虚拟的体验，来增加社交的存在感，让你感觉自己更像虚拟世界的一部分？可能有，而且已经在我们手中了。但我首先需要向你解释一下。

手工覆盖：手的存在的作用

在第一章，我们解释了移动式 VR 和与电脑相连的 VR 之间的区别。前者更便宜，使用也更简便。你只需要把智能手机变成一个头戴式显示器，它就可以向你提供你所需的一切。专业的 VR 头戴式显示器需要更强大的处理器、电脑或者游戏控制器，这样它们才能提供更真实的存在感，而这种设备往往需要用光纤连接你的个人电脑。（还包括更多的钱，高端的头戴式显示器需要上百美元，而三星的 Gear VR 或者谷歌的“白日梦”这样的便携式头戴式显示器可能只需要几十美元。）移动式 VR 和高端 VR 还有其他本质上的区别，那就是你如何输入你的所求。在电子游戏世界里，你的需求可以通过控制器进行，控制器可以是简单的摇杆，可以是 Xbox 的手柄，也可能是复杂的键盘，甚至在驾驶类游戏或者摇滚乐队游戏中，控制器还可以是塑料的方向盘或者吉他。但是，当 VR 在 21 世纪初卷土重来的时候，输入需求的方式还是充满着争议。事实上，不仅仅是一场争论。

这个问题是很现实的。如果你戴着头戴式显示器，你没法看到你的手，也就不能用手操作，所以你就需要一个直观的设备。换句话说，键盘鼠标行不通。甚至传统的游戏控制器也可能太复杂了。但是有趣的是，通过语言输入对话，存在感的范围也会扩大。当你戴上 VR 头戴式显示器的时候，实际上你的头部就会成为虚拟空间的中心，但是有没有一种方法来创造手的存在感呢？换句话说，你可以把手放到 VR 里面吗？

电子游戏控制器其实就是一种模拟。有些像方向盘或飞行员的摇杆，看起来就像现实物品本身，但是其本质就是一些按钮。当你按动这些按钮时，输入的指令就会被转化成动作，不管是“抓住”、“按喇叭”，还是“打开”。但是如果你能够在这种模拟的层面摆脱它，或者可以在更新的层面进行创新，那么你就可以让人们在 VR 中感受到里面的手就是自己的。

目前人们开发了多种模型来实现“手的存在”。任天堂的 Wii 视频游戏机已经成了一种全球化现象，部分原因就在于它的手柄一点儿都不复杂，但是，游戏里手持的魔杖实际上是能被追踪到的：控制台知道你正在握着手柄，也知道你在用手柄做什么，它允许你在游戏里使用刀或者玩保龄球或者其他游戏开发者可以想象出来的游戏。如果你不小心，你甚至可以用它来摧毁你现实生活中的平板电视，正如很多人已经做过的那样。

在与日本隔海相望的美国，微软发明了一种体感周边外设 Kinect，它可以与 Xbox 配合使用。Kinect 会扫描你所在房间的情况，确认你的身体以及手部，这样你的身体和手就可以作为控制器，最终出现在游戏中了。（它当然不会一直很完美，但是却并不能阻止更多的公司为它开发出各种游戏。）一家叫厉动的公司发明了一种传感器，本质上是 Kinect 的一个更集中的版本。它不会追踪你的骨架，而仅仅是聚焦于你的手部，当手部做动作时，它能够非常精确地追踪这些动作，甚至特别微小的手指晃动。厉动公司的梦想是让你的手指最终取代你的鼠标来控制电脑。一些电脑公司已经获得该公司的授权，但是根据目前的报告来看，还没有人真正把它们融合起来。

多亏了这些概念上的先驱，创造出一种基本的运动追踪控制器其实很简单。现在，两款主流的 VR 头戴式显示器都有各自的小型遥控装置，它们其实就是任天堂 Wii 控制器的一个迷你版本。在 VR 里，你可以把它用作激光光标，选择和参与交互。作为游戏控制器，它也可以变成钓鱼竿或手电筒。尽管这些控制器可以让你使用你的手，但是在界面中你还是看不到你的手。为此，你需要更强大的控制器与更强大的桌面 VR 系统。

研发者做了很多重要的事情。

（1）他们根据现实中你的手的位置和方向在 VR 中模拟你的手。这不是视觉上的，所以模拟器里的手不会像你的手那样戴着戒指，也不会和你的手的形状、颜色等一样——但是你的大脑会轻易被这种假象欺骗。许多研究表明，你对自己身体的感知，很容易被转移到虚拟的世界中，哪怕这只虚拟世界里的手跟你的手一点儿都不一样。实际上，你对自己虚拟身体的感知很可能影响到现实世界中的行为：一项研究显示，如果给志愿者一个超重的虚拟身体，而非超轻的身体，那么他们的头部移动会更慢。（这些现象在后面章节我们会继续讨论。）

（2）这些控制器完全是直观的。你可以给那些从未玩过 VR 的人提供一个简短的教程，这样人们就知道该如何使用它了。能实现这种简单操作的基础，是你将按钮设置在控制器上，以模拟你在现实生活中可能会用到的手的动作。例如，使用 HTC VIVE 棒状控制器的用户，为了实现捡东西的效果，可以在控制器的背面按动一个类似扳机的按钮；而扣动扳机的动作需要你的手自觉地合拢，所以实际上你做的动作和你在 VR 里做的动作是一致的。

HTC VIVE 控制器

（3）把你真实生活中手的动作带到 VR 里。例如，傲库路思的触摸式控制器上有电容式显示器：就像一个触摸屏，它知道你的手指什么时候触碰它。如果你做一些简单的动作，例如挥挥手，指一指，或者竖起大拇指，控制器会把它转化成类似的虚拟手势。

傲库路思的触摸式控制器

当这些元素完美地结合在一起时，能够满足追踪、直观感受、用户互动需求的人体工学设计，会让手放在一个很自然的位置，同时做出各种姿势——手的存在感将变为可能。现在不仅是你的头在 VR 里面，你的手也在里面了。

在进一步探讨之前，让我指出一点，这些只是所谓的第一代 VR 控制器。更新换代之后，HTC VIVE 的控制器将不需要拿着，它会被绑在你的手上，这样你在拿起物品的时候就可以张开手，放下物品的时候又可以合上手。2017 年，厉动公司的手指追踪传感器已经缩小到非常小的尺寸，可以放到任何智能手机或者 VR 头戴式显示器里。

在第一次试用时，我不停地移动我的手指，把那些虚拟世界的小盒子堆积成一座塔，搭积木竟然也变得如此有趣了。

换句话说，任何 VR 系统在完成某项任务的时候都可以不依赖于控制器，最终实现设计公司的梦想。所谓手的存在甚至不再局限于手：HTC 正在销售一种小型的可穿戴式的追踪器，你可以把它放到任何物体上或身体的任何部位，把它引入 VIVE 的 VR 界面里。有人把它附着在孩之宝公司出品的玩具枪上，或者网球拍上，甚至是玩具棒球拍上，进行虚拟的击球练习。他们也在猫身上安装了追踪器，这样他们在 VR 世界里享受的时候就不会不小心踩到可怜的猫主子了。如果在手、脚和关节上放上足够多的追踪器，那么他们就能够在 VR 中翩翩起舞。这些可都不简单——这只是开发人员的一些试探，但是它让你明白了在 VR 里人们是如何将现实生活中的物品“虚拟化”的。（后文中，我们将拜访一家公司，它试图用类似的理念创造下一代激光标签。）

2017 年，马克·扎克伯格在脸书上发布了一张照片，照片里的他正在参观傲库路思位于西雅图郊外的超级秘密研究实验室。这有点儿让人失望，大概是因为我多年来一直试图进入这家公司，但是其门卫一直在阻拦我——但没关系，我明白，马克是首席执行官。其中一张照片显示，他戴着头戴式显示器，笑容满面，手上戴着薄薄的白手套。他在标题中写道：“我们正在研究让你的手进入 VR 和 AR（增强现实）的新方法。”“戴上这副手套，你可以画画，在虚拟键盘上打字，甚至可以像蜘蛛侠那样织网。”

首先，马克本人就是个蜘蛛侠，这是书呆子的缺点。其次，并不是每个人都想成为网络大咖。但是如果在 VR 中你能够自由地使用你的手，你就能打开新世界的大门——这些可能性足以让 VR 从一个单纯发挥娱乐功能的设施发展为能让你用来交流任何东西的利器。它不仅扫除了笨拙的游戏控制器，而且消除了你和 VR 世界里的每一个障碍。当你的身体在 VR 里，你的情绪也更容易陷进去。

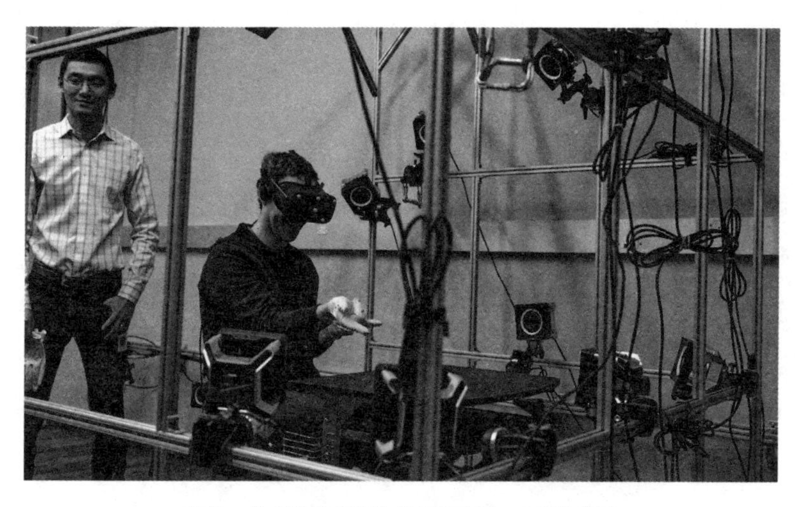

马克 · 扎克伯格将手的存在提升到一个新的高度

等等——你不是在讨论讲故事吗？

好极了！我就是这么做的。至少现在你知道在 VR 里，你的手可以做什么，以及未来可能做什么了。第二部分很重要，因为《亨利》也好，其他所有的 VR 体验也好，都是在完全没有控制器的情况下创建和使用的。在你观看它们时，你几乎不需要什么社交活动。不过，这种情况正在发生突变。在我们进一步了解未来之前，让我们回顾一下现实，看看现在人们正在如何利用 VR 讲故事。任何你能想到的好莱坞电影公司——21 世纪福克斯、派拉蒙和华纳兄弟，都开始投资 VR。它们根据自己的电影创造了一些 VR 体验，比如《星际穿越》或《人鬼情未了》，同时它们也投资了其他 VR 公司。好莱坞导演如道格·里曼（代表作《明日边缘》）和罗伯特·斯特罗姆伯格（代表作《沉睡魔咒》）已经接受了 VR 项目。

进展令人振奋。亚利桑德罗·冈萨雷斯·伊纳里图，作为四次奥斯卡最佳导演奖的得主，2014 年执导的电影《鸟人》获得奥斯卡最佳影片奖，2017 年，他因为执导了一部 VR 短片获得特别成就学院奖。然而，《血肉与黄沙》这部让观众置身于从墨西哥到美国的痛苦旅程的影片，却一点儿也不像电影，甚至也不像电子游戏。当它在 2017 年戛纳电影节首映时，它被安置在一个飞机停机库里。观众需要光着脚，走进一个铺满沙子的房间，他们可以在那里观看影片，和身边其他试图穿越边境的人交流。逮捕、拘留、脱水——这些人类的极端状况就发生在你身边。美国电影艺术与科学学院在其声明中称，这部作品“情感丰富，让人身临其境”。（最近一部获得奥斯卡特别成就奖的电影是什么？是 1996 年一个叫《玩具总动员》的小故事。）

正是因为有了这样的作品，我们才能在电影学院里看到许多充满才情的作家和导演，他们不想把自己局限在“电影”里，而是想在毫无限制的叙事环境里把自己的创造力推向极致。VR 叙事作品的创作最早可能始于一些纪录片导演和动画专家，但是现在，它每天都在飞速发展。

好吧，就是这样。几年前，我那会儿正在采访傲库路思的首席执行官布伦丹·艾瑞比。(傲库路思后来被脸书收购了，不再有首席执行官，所以现在艾瑞比负责公司的一个主要部门。) 那会儿他和我聊了几个小时，这部分采访成了我为杂志撰写的关于该公司的报道中的一部分。艾瑞比对傲库路思正在开发的 VR 技术非常感兴趣，他真的很想讨论这个——但是他不能和我说太多。不过他有个习惯，与其要求不公开，不如用更隐晦的方式表达自己的兴奋之情，这样他才能告诉我更多细节。这一次，他拍了一部电影。“我刚刚看了 3D 版的《乐高大电影》。”他说，“我和我女朋友的 6 岁小女儿一起去看的。”就好像，想象一下，当他看电影的时候，电影就在他面前——他指着自己的脸说，他可以左顾右盼甚至贴得更近。如果你走近点儿，这个乐高小人就会看着你，然后转过头来，并且说：“嘿，退后一点儿，我们正在演电影呢，退后。”他看起来真的是直视你的双眼。孩子们会认为乐高是真的。

多亏了《亨利》，我们已经部分见识过了。而且我们也知道了一些目光接触的神奇力量。但是，当其他元素凑在一起时会发生什么呢？现在是时候开始了。在 VR 短片《小行星》(猴面包树工作室在《入侵》之后的作品) 中，你在外星飞船上扮演一个机器人服务员，那里还有一个机器狗一样的生物，它给你传球，你可以接球——你可以通过手的控制器来实现。当你把球扔到船上时，你的机器人触角会伸出来。这一时刻很短暂，却非常重要，因为它把你在游戏中的化身融入游戏角色，你开始了真正的互动。

它是否改变了我们对电影的所有认知？目前还没有。但是它显然没有看起来那么无聊。未来利用 VR 来讲故事的发展方向，将是利用我们自身的能力和意愿去相信我们是别人。这从根本上改变了幻想和逃避的本质。当我们阅读时，我们会自然而然地把自己想象成书中的主人公；但是在电影里就比较困难了，因为我们能够看到这些角色。但是要真正成为一个角色——透过他们的眼睛，看到他们的特性，活在他们的世界里，那是一种灵魂出窍般的体验。不过，穿上那些特制的鞋，分享那种情感，有望改变我们的生活方式，即使你在 VR 里的体验已经结束了。

现在暂时还不会发生这种情况，确实是，因为这项技术还在蹒跚学步的阶段。故事创作者当然不希望 VR 体验太过灵活，毕竟他们自己还在学习这种创作形式。“如果你赋予人们太多与事物互动的能力，我们就很难把故事讲好了。”彭罗斯工作室的创始人尤金·钟在 VR 动画《艾露美》首次亮相时说。随着控制器越来越轻巧，手的障碍和社交障碍都开始消失，创作者必须利用这一点，同时也得设计新的方法来满足这一点。VR 叙事的视觉语言发展不会像电影那样历经漫长的时间，它将光速般发展。如果我们已经因为和其他角色在同一个虚拟空间里而感觉到温暖、快乐或悲伤，那么想象一下，如果我们能和这些角色互动，这些情感会变得多么强大。

或者和真实的人同在虚拟空间——这就是另一章要讲的了。

第四章

同理心和亲密感

为什么孤掌难鸣

每年春天，1 000 多名好奇的人来到不列颠哥伦比亚省的温哥华，观看可能是世界上最昂贵的现场幻灯片讲演。TED 大会是与 TED 同名的非营利性组织的年度旗舰活动。简单地说，这是思想的盛宴。稍长一点儿的说法是，这是一个为期 5 天的集会，参与者包括科学家、作家、前总统和其他“思想领袖”，当然还有奖金。他们向全神贯注的观众发表简短的演讲，这些观众都很有钱，肯花 8 500 美元买一张票。

TED 演讲以反直觉和充满魅力著称。这两点恰恰是互联网的黄金准则：成千上万的 TED 演讲在网上直播，至少有 10 亿次的播放量——确实没有贾斯汀·比伯的视频播放量那么多（好吧，某些他的视频），但至少能让你感觉到文明不是完全不可救药的。自从 TED 诞生以来的 34 年里，它在你能想象得到的每一个城市和地区都催生了一个迷你 TED 帝国。诚然，这些所谓的 TEDx 会议并不总像最初设立时那样严格。几年前，波特兰的一个人甚至做了一个关于“如何使用纸巾”的演讲。尽管如此，TED 演讲仍然是热门话题。每年都会有那么几场 TED 演讲能为你带来精神上的盛宴。2015 年，一个叫克里斯·米尔克的人带来一场演讲。

如果你是个乐迷，你就会熟知米尔克的作品——他为很多大牌明星执导过 MV（音乐短片），包括坎耶·韦斯特、约翰尼·卡什、贝克以及其他一些大腕儿。他也热衷于科技，创作了一系列与技术有关的互动体验，比如，他曾经为拱廊之火乐队的作品《无人市区》制作 MV，那时候他利用了你童年时的家。是的，你童年时的家。整个 MV 利用了网页浏览器，当你输入地址时，它会利用卫星图像和谷歌街景为每个观众播放个性化的视频。拥有类似于此的创造力，米尔克能成为第一批开始在 VR 领域进行创作的视频制作人也就不足为奇了。2014 年，他拍摄了一段 360° 的视频，记录了数百万人在纽约游行反对警察暴行，这是 VR 新闻早期的例子。

2015 年，米尔克登上 TED 演讲台时，他的作品已经参加了圣丹斯电影节的展映。其中包括一小段纪录片，记录了一个年轻的叙利亚女孩在难民营里的生活，那会儿米尔克正在为联合国工作。他的演讲题目是“VR 如何创造出终极的同理心”，在演讲中他提到这部纪录片，以及《无人市区》的 MV，用以宣传 VR 存在感的力量。“这不仅仅是电子游戏的外围设备。”他的演讲持续了 10 分钟，在快结束的时候，他说，“它在更深的层面将人与人连接起来，这是我在其他媒体上闻所未闻、见所未见的。它可能改变人类对待彼此的方式……VR 真的有改变世界的潜力。”

显然我认可他的观点，否则我就不会写这本书了。然而，显然我认为也需要一个“然而”，否则我也不会写这本书——我觉得，虽然他的 TED 演讲很宏大，但在一个非常重要的方面却戛然而止了。同理心是一种非凡的品质，总的来说，它是一种能够真实地感受到他人所感的能力，有同理心才能让我们大多数人过得更好。这是建立人际关系的关键因素。当然，它也是电影制作里最重要的成分，但显然不是唯一的成分。另一种必要的成分同样具有变革性，而且很有可能会让人更加身临其境，它就是同理心的孪生兄弟亲密感。

同理心和亲密感的关系：升华与情感

这两个词都有点儿让人犯晕，至少可以这么说。这两个词都有几十年的研究历史，但是除了“防抱死系统”和“奥普拉”之外，它们出现在杂志封面上的次数几乎超过任何一个词。它们真正的意思通常是指词本身，也指使用这些词的人。为此，让我们看看《牛津社会学词典》是如何解释这两个术语的。

> 同理心：能够识别和了解他人的能力，尤其是在情感层面上。它包括换位思考，以及与对方感同身受。
>
> 亲密感：一个与自己和他人“内心最深处”关系的复杂领域，这些关系通常不是次要的，也不是偶然产生的（尽管它们可能是短暂的），而且通常非常深刻地触及个人的内心世界。

它们是我们与朋友、家人、孩子、爱人最亲密的关系，同时也是我们与自己最深刻、最重要的关系（这些从来都不是单独存在的），即我们的感受、我们的身体、我们的情感、我们的身份。

很快，你就能看到一些区别。同理心需要参与到他人的世界里，而亲密感则不一定。同理心涉及情感上的理解，亲密感只包括情感本身。同理心从本质上讲，是一种走出自我的行为：你把自己投射到别人的经历中，在某种程度上，这意味着你需要把自己的经历抛开，而不能以自己的经历为参照物。另一方面，亲密关系的基础是一种可以感觉到的行为：你和他人建立联系的基础首先是你（或你们俩）自身的感觉。

实际上，到目前为止，你已经了解了许多我们探讨过的VR形式，它们不一定都能引发同理心，但有些却属于"亲密感"的范畴。"虽然冥想、想象，甚至（取决于你性格有多古怪）小刺猬亨利的生日派对都不一定能让你开始去尝试了解别人的感受，但是它们确实触发了一些体验——有时候是清晰的，有时候是原始的，这些确实能触动你的个人世界。"有一种 VR 体验完美地展示了同理心和亲密感之间的巨大差距，那就是真人 VR。

电脑合成技术是一种介于电子游戏和电影之间的叙事方法，与之不同的是，真人实景 VR 更像我们熟悉的传统电视和电影模式。和这些传统媒体一样，人们一直在使用 VR 拍摄各种影片，从叙事小说到纪录片再到体育运动。然而，就像 VR 里的其他东西一样，它将你置于 360° 活动范围的中心。在 VR 里，我体验过没有亲密感的同理心，也体验过没有同理心的亲密感。（我承认后半句话让我听起来像个反社会者，但这并不是说我冷酷、没有同理心，仅仅是因为那些 VR 体验并没有激发我的同理心。我的题外话讲得有点儿多，但是即使冒着这样的风险，我也要说。随着本书的继续，我们会越来越多地探讨这个问题。我说的“这个”并不是冗长的插入性旁白——当然实际上，可能也包括这些。在这一点上，我这么说更多地是想让我的编辑看看我做了什么。还跟得上我吗？太好了。让我们回来。）让我们一起快速浏览一些早期开创性的真人 VR 的例子，以便发现同理心和亲密感之间的一些差异和重叠。

我们会现场直播的

早在商用 VR 复兴之前，人们使用 VR 不仅仅是为了娱乐，而是为了获取信息。其中最著名的先驱是诺尼·德·拉·佩里亚，她是一个纪实记者，人们称她为“VR 教母”。她是南加州大学的高级研究员和博士生，她设计了原型机以及一些体验，这些为她授课提供了便利，这些课程包括如何利用 VR 的叙事功能进行新闻报道等。2007 年，她利用虚拟游戏《第二人生》再造了关塔那摩监狱。（如果你不了解《第二人生》，我解释一下，它和电子游戏《模拟人生》类似，只是少了里面的游戏部分。用户可以在里面自定义角色、环境以及人物活动，并且可以通过电脑界面和其他用户交流。《第二人生》很快就流行起来，然后很快就淡出人们的视野。但是，开发它的公司坚称至今每个月仍有近 100 万人在使用它。）

在 2012 年的圣丹斯电影节上，也就是傲库路思·裂缝这个词首次出现的那一年，德·拉·佩里亚在洛杉矶放映了名为《饥饿》的 VR 体验短片。它使用电脑合成技术，结合音频档案，重现了一个令人心碎的故事。这个故事发生在洛杉矶的夏天，一家食品银行里。和现实生活中一样，由于排队的人过多，一名男子昏倒在地，陷入糖尿病性昏睡。“好吧，他癫痫发作了。”一名志愿者说。这时这名男子在人行道上无助地抽搐，旁边有一个路人拨打了 911。在整个过程中，你穿过人群看得到人们的脸，看得到人们的挣扎。这个代价很昂贵。许多人都是第一次体验 VR——克里斯·米尔克就是其中之一，看一眼就会身陷其中。在 YouTube 上有一段视频，演员吉娜·罗德里格兹（《处女孕事》的女主角）在一名志愿者帮她摘下耳机时泣不成声。

尽管这些经历在情感上令人感动，但以今天的标准来看，这种计算机合成的图形过于简单，这使得它看起来有些笨拙。直到 2014 年年初，真人 VR 才真正实现了 360° 的虚拟效果，而这正是 VR 的标志性成果。一部名为《零点》的纪录片，表面上看是关于 VR 的，但是它是为 VR 拍摄的，使用的是一圈指向外部的超高清摄像机——这样一来，这些摄像机就可以充当观众的眼睛，可以看到 360° 的任何地方。（这种 3D 效果每个视角都使用两个镜头，其原理和 19 世纪的立体镜是一样的，这样就能够形成欺骗你的大脑的立体图像。）

几乎在同一时间，克里斯·米尔克在他自己创立的公司开始创作自己的 VR 电影作品，这家公司现在叫作“Within”，他凭借自己与联合国合作制作的一部纪录片打开了局面，形成了自己的风格。《锡德拉头顶上的云朵》是一部以一名 12 岁的难民女孩为主角的纪录片，她生活在约旦一个叙利亚难民营扎塔里。当 VR 影片的体验开始时，你身处沙漠，脚印和轮胎的痕迹穿过沙漠。“我们走了好几天，穿越沙漠来到约旦。”一个女人的画外音响起，叙述着年轻的锡德拉的话。

在接下来的 7 分钟里，通过锡德拉的叙述，你可以在一系列的小插曲之下了解扎塔里难民营的生活：你可以看到她的家人在他们的小房子里忙忙碌碌，男孩们在一家小游戏咖啡馆里玩第一人称射击游戏。随着影片的播放，你会觉得越来越平淡；无论是看着男人们在面包房里堆砌新鲜的大面包，还是看着一群年轻的女孩踢足球，你都会发现自己沉浸在这种柴米油盐的日常生活里。（跟家里不一样，在扎塔里，女孩也可以踢足球，锡德拉说，我很开心能够踢足球。）我们都安静了下来，直到镜头淡去，你可以看到锡德拉和她的家人在联合国难民署的帐篷下吃着饭。“我的老师告诉我们，我们头上的云朵来自叙利亚。”锡德拉说，“总有一天，云朵和我都要转身……回家吧。”

作为一部传统的纪录片，《锡德拉头顶上的云朵》似乎看起来很简单。这种简短的、静态的拍摄感觉更像那种你在博物馆里看到的短片，这种短片通常在一个小屋子播放，供你在累了想歇歇脚时坐着看。但是，作为一种 VR 体验，它绝对不简单。孩子们没有对着镜头微笑或者做手势，他们就在你旁边，和作为访问者的你打交道。云朵在你头顶翻滚着，让你感觉到未来的某种预兆以及希望。你不仅看到了锡德拉为你做的一张视频明信片，你还和她一起在扎塔里待过，看到了她看到的一切。换句话说，你无须再凭空想象一个难民营里的年轻女孩的情绪，你就和她在一起。现在，你能够理解她的感受，你也就明白了我们对于同理心的定义。

此刻就是此刻

大概在克里斯·米尔克2015年TED演讲的前一年——甚至在《锡德拉头顶上的云朵》发布之前，我就已经第一次领略到了VR除了娱乐和引发同理心以外的潜力。奇怪的是，我是在另一个以其首字母组成的缩略词SXSW而闻名的年会上体验到这种潜力的。西南偏南音乐节，在得克萨斯州的奥斯汀举办，随着时间的推移，它已经成为三个重叠但又截然不同的会议的举办地，这些会议涵盖互动技术、影视和音乐。2014年，西南偏南音乐节见证了VR的首次惊艳亮相。为了迎接新一季的《权力的游戏》，HBO电视网带来一台VR装置，它看起来像一个振动的电话亭，人们进去戴上头戴式显示器，他们的所见所闻会让他们感觉置身于《权力的游戏》里面700英尺高的围墙上。（我的一个同事在体验时尖叫着向后一扑，从隔间里掉出来，好在旁边一位反应迅速的HBO电视网员工接住了他。）

就在不远处，在一间改建的阁楼里，我遇到了菲利克斯·拉热奈斯和保罗·拉斐尔，他们是一对法裔加拿大商业导演夫妇，最近投身于VR电影。他们让我落座，把一个早期版本的傲库路思·裂缝头戴式显示器戴在我头上，并为我戴上耳机，为我播放他们的第一部作品《陌生人》。

和目前为止我看到的那些VR演示不同，这不是那种计算机生成的环境，这是一个视频。有生以来我第一次置身电影之中。我坐在一间公寓里，地板上散落着仪器和录音设备。在我面前，一个男人坐在钢琴前吸烟。公寓里很安静，只有那个人漫不经心地弹出几段即兴曲的片段，但是房间还是出奇地安静。很快这个男人开始认真地弹唱起来。他似乎不在意我的存在，甚至无视我的存在。所以我觉得在他演奏的时候我四处张望一下也没什么。我动弹不了——菲利克斯·拉热奈斯和保罗·拉斐尔在一个固定的平台上安装了多台摄像机，拍下了这一幕，但我可以转动头部看到公寓里的其他角落。在我身后的硬木地板上，一只狗趴在台灯旁边打瞌睡，灯光照在它的身上。“你是不是藏在我脑海中的陌生人？”那个男人这样唱道，“你是否也曾驻足我的心里？”我觉得自己既存在又不存在。我感觉这个世界上没有其他地方可以容纳我。但是最重要的是，我能感受到一种从未在现实生活中经历过的温暖。我是和陌生人待在一起的，但是我觉得我好像刚刚从一个我真正在乎的人那里得到一个拥抱。

短片结束时，我摘下头戴式显示器看着拉热奈斯和拉斐尔，“这个词听起来很奇怪，”我说，“但是我的感觉是亲密。”

“我们就是这么想的。”拉热奈斯说，“我们想创造一种个人体验，让人们在存在中经历一切。我们不想让人们觉得‘他在表演’，我们希望你感觉到他就是和你在一起的，不管别的，至少此时此刻你就是和这个人在一起。”没错，和这个人在一起的片刻。仔细想一下，你上次跟别人讲述发生在你身上的恐怖故事是什么时候？你上一次用“片刻”这个词是什么时候？片刻这个词很小也很美好。它很短暂，但是会带来持久的影响。它是人类联系的一小部分，但是会给人带来温暖的感受。在一天之内你可以与几十个人互动，从同事到店员再到公交车上的人。他们给你带来共同的欢笑，或是令人惊讶的坦诚，这些都饱含着人们的感情。点点滴滴的相处片段是建立人与人之间亲密关系的基石——即使是和那些你还没有建立亲密关系的人。而使用VR，哪怕对方不出现在你面前，这些“片刻”也能发生。

让我们回到小说

让我们绕个圈回来。每个讲故事的人都有一个目标——让你在乎。无论是围炉夜话，阅读漫画书，还是电视访谈节目，都是如此。讲故事可能是为了逗你笑，也可能为了吓唬你，还有可能让你因为角色而感到悲伤或兴奋，但是这些都是各种形式的在乎，不是吗？你的情感投资——故事中发生的事情对你来说很重要，这是讲故事者的基本目标。

因此，讲故事已经变成一种让你走出自我的方式，让你忘记实际上你的所见所闻是虚构的。毕竟，只有这种时刻我们天生的同理心才会发挥作用。然而，这一领域的创新却少得出奇。一旦我们适应了某种讲故事的框架，我们能做的就是优化这个框架：更大的屏幕，更响的喇叭，以及20世纪五六十年代风靡电影院的那种沉浸感的噱头——轰轰作响的座椅和嗅觉感受的融合，还有流行音乐和催眠效果。

与此同时，科技不断发展，将我们从这些故事中抽离。首先，显示器框架不断缩小。我们的手机进行着越来越多的媒体消费，无论是新闻、电视还是书籍，除了手机屏幕，还有其他一些跟手机大小差不多的屏幕，比如电子阅读器。但是显示器的大小只是其中一个因素。由于其便携性，手机不再是让你迷失自我的玩物，而是对其他设备的补充。在银行排队或坐公交车的时候用手机或者平板电脑看视频变得越来越普遍。（现在我们看电视的时候往往手上也在玩手机，用手机浏览社交媒体或新闻，甚至浏览 YouTube 视频。）故事在努力地吸引我们的注意力，但是即使它们成功地吸引了我们，我们也未必能全身心地投入。

更奇怪的是，故事越复杂，人就越容易分心。至少在叙事上，现在的故事越来越复杂了。现在大制作的电视剧经常涉及众多人物，一拍就是好几季，电影也经常一拍就是一系列，奇幻史诗可以涵盖十几本书。即使曾经只有短短 22 分钟的情景喜剧，现在其结构的复杂性也开始与电视剧相当了，而且还试图用错综复杂的情节和多重视角挑战观众。但是与此同时，我们真正想要欣赏的作品却没有那么多。世界上有太多我们读不完或看不完的东西，有太多我们想读或想看的东西——但是我们一旦开始，就会狼吞虎咽地吸收，通常旁边还有另外一块让我们分心的屏幕。

现在，随着 VR 叙事的发展，这种多屏幕呈现、分散人们注意力的方式终于遇到了对手。当我们在 VR 里欣赏《锡德拉头顶上的云朵》或者拉热奈斯和拉斐尔的《陌生人》时，我们身边没有推特通知，没有日历提醒，也没有萦绕在我们眼前的文字对话。在 VR 里，只有我们自己，以及别人呈现出来的故事，它能够让你全情投入。考虑到现如今大家都很难把注意力集中起来，这简直就是一个奇迹。正如克里斯·米尔克在 TED 演讲中所说，只有在这种框架内体验故事，才能激发出我们无与伦比的同理心。这并不意味着 VR 把世界变成了利他主义者的国度。事实上，耶鲁大学的心理学家保罗·布鲁姆在 2016

年出版的《失控的同理心》一书中就曾表示，VR 充其量只是同理心的苍白仿制品："问题在于，这些体验从根本上讲与当下的物理环境无关。"他在《大西洋月刊》上写道："难民经历的可怕之处不在于难民营里的景象和声音，这种经历更多地与焦虑和恐惧有关，是那种去国离家的忧伤。"从某种意义上说，他说得没错，尽管观众的体验是 360° 全方位的，但是 VR 纪录片只能提供主体体验的一小部分感受。但是，有证据表明，即使是现在，VR 的即时性和沉浸感也确实能促进一些慈善事业的发展。在科威特举行人道主义会议之前，联合国利用《锡德拉头顶上的云朵》为难民募捐，结果该组织筹集了近 40 亿美元，是预期的两倍。

纪录片或叙事的神奇特点之一，就是它们展示出人们理解他人经历的一种能力。当你置身他人的环境中时，很自然你会对他们的旅程和人际关系投入更多关注，你遇到的人物就有了新的深度。无论这个故事是想感动你、吓唬你或是吸引你，如果你能身临其境，这种效果就更容易达到。

但是如果这些故事只是单纯地与他人相关，那么它的极限也就只是让你产生同理心。你可以理解一个人的生活，但是你不能融入它。当你在扎塔里，看着锡德拉的家人吃饭，那一瞬间你和他们在一起，但是你并不是其中的一分子。而亲密感——至少在它延伸到你的个体之外时，从本质上说是一种共享现象。因此，从 VR 中获取亲密感的能力将取决于体验的人和体验的时刻。VR 如何建立这些亲密时刻，未来又会怎样建立这些亲密时刻，目前仍然是一个值得探索研究的问题。菲利克斯·拉热奈斯和保罗·拉斐尔的作品《陌生人》并没有强行给你灌输某种体验，也没把你当成某个角色对待，鉴于钢琴师弹唱的状态，他甚至不承认你的存在。相反，你会通过受邀进入另一个人的世界这种独特的方式持续地分享这种经历。VR 具有这种与生俱来的特质，可以形成这种瞬间。

当然，这仅仅是个开始。前几年真人视频在技术上受到严重限制——一个我们刚刚开始克服的困难。当我们克服这一困难时，我们就能在讲故事的过程中开启一种新的亲密关系。

这就是你的全部

硅谷，尽管我们给了这个名字种种荣耀，但是硅谷并不是一个宏伟的地方。它当然不是一个山谷，至少现在不再是了；虽然这个绰号曾经指的是芯片制造商云集的圣何塞和南部地区，但硅谷已经向北扩张，势力扩张到旧金山半岛的远郊。如今，科技文化与住宅社区沿着商业主干路分布，一边是旧金山湾区，一边是蜿蜒的群山。少数城镇——门洛帕克、库比蒂诺、帕洛阿尔托，也分布着几家同样规模的巨型公司。

在山景城，谷歌是龙头老大，但是这个城市也是数十家其他公司的总部所在地，道路两旁的小办公室里挤满了各种公司。在一家名为光场相机的成像公司里，首席执行官杰森·罗森塔尔递给我一副头戴式显示器。罗森塔尔说："在你看到任何东西之前，你会听到大约 8 秒钟的音频，然后灯光会亮起来。"

当灯光亮起时，我看到一名宇航员从月球着陆器的梯子上走下来，踏上月球表面。地球在他身后漆黑的天幕上闪耀。“这是我个人的一小步，”他说，“这是人类的一大步。”他用的是“step”这个词吗？我正疑惑着，感觉应该是“lea”[①]……结果就在这时，一个声音在我身后喊道：“停！”

随后开始出现更多的灯光……我意识到自己正站在影棚里，看着阴谋论者最热衷的话题活了过来：斯坦利·库布里克导演了尼尔·阿姆斯特朗的“假”登月。宇航员和着陆器还在那里，但是头顶漆黑的天空消失了，取而代之的是大梁、索具和好莱坞摄影棚的其他装饰。

这是个很短的视频，但是足以让人相信这个笑话。只是这个笑话并不是真正的重点所在。重点是，它跟其他视频不同，它是个 360°的视频。当我靠向一边以便更好地观察月球着陆器时，我的视角发生了变化；当我蹲下身子想躲开库布里克时，他从我的视角看起来更高大了。这是个视频，但是我在里面移动着，感觉我好像真的身在其中。这就是“光场”技术，这是众多试图挑战 VR 游戏的公司面临的最大挑战之一。

还记得这个吗？这是你头部可以转动的六个不同轴向的图，也就是所谓的 6 自由度。

图中的曲线是你头部可以旋转的方向——倾斜、点头、转动，图中的直线显示头部是如何在空中改变位置的。物理学家更喜欢称其为“旋转”和“平移”运动，VR 行业更喜欢用“转位”和“定位”来表达。（就我个人而言，我更喜欢“转位”/“定位”，因为这两个词

---

① 此处应为“leap”一词，原文未拼写完整就因后文被突然打断了。——编者注

很押韵，但我没有物理学学位，所以在这个问题上，你可能站在科学家一边。）

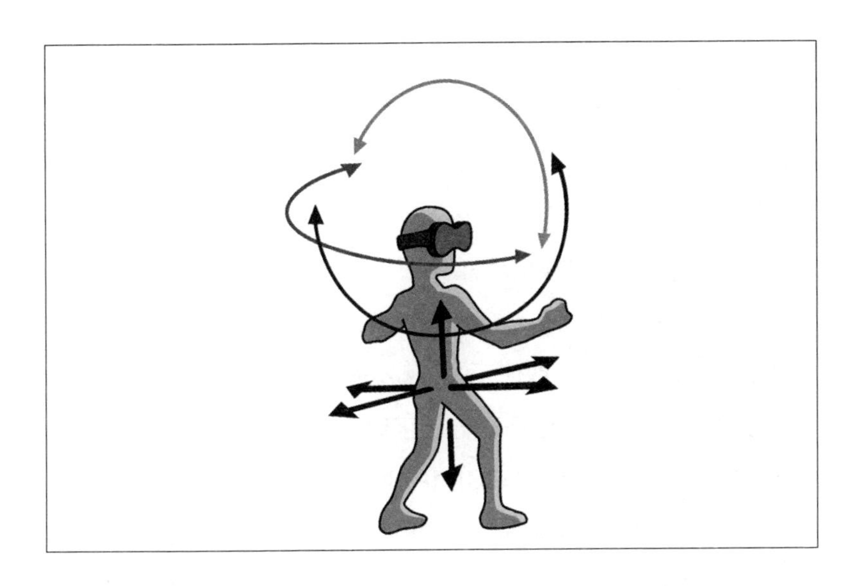

正如我在第一章提到的，高端 VR 耳机能够跟踪旋转和位置运动，但是像三星的 Gear VR 和谷歌“白日梦”这样的移动头戴式显示器只能进行旋转跟踪。这是因为它们依赖于智能手机的内置加速度计和陀螺仪。如果你把小刺猬亨利放进你的傲库路思 · 裂缝，你可以看到它客厅的桌子；但如果你在 Gear VR 上观看，情况就不一样了。由于这一限制，移动 VR 往往是一种坐着不动的活动，而电脑驱动的头戴式显示器允许你把 VR 的活动空间扩大到整间屋子，你可以在里面步行漫游，并在虚拟的空间里探索。

然而，我们也处在一个巨大变化的潮头上。2018 年，一体式独立头戴式显示器面市，这种头戴式显示器可以追踪你的空间位置，这意味着它可以为你提供 6 个方向的自由度。[专业术语叫 6 自由度追踪（6DOF），如果你和 VR 发烧友一起玩儿的话，你可以用“6 自由度追踪”这个词。是的，“DOF”的发音是“doff”。] 这些设备很可能就是 VR 设备的未来。这些设备包含专门的显示器以及计算机处理器，因此你可以在不需要电脑驱动的情况下体验 VR，当然也就不再需要那些束缚你的光纤和电线。

VR 变得越来越便宜，也越来越高大上，这对普通消费者来说绝对是个好消息。但是，即使无线头戴式显示器已经开发成功，并能追踪你的运动轨迹，也还是不能应用于真人 VR。正像所有照片的局限性一样：你可以用两张几乎相同的照片合成立体的图像欺骗你的大脑，但是这个景深不是真实的。所以 360° 的 VR 也是一个道理。《锡德拉头顶上的云朵》会产生 3D 效果，实际上它和 3D 电影的效果是一样的——在 360° 的球形框架内，你不能改变你的视角，或者改变你的位置。无论摄影机架放在哪里，无论好坏，你的位置就是你的位置。

光场相机公司发布的那个登月视频就不一样了，它使用了完全不同的摄像方法。传统的拍摄方法是几个摄影机围着一个轴向外排列并进行拍摄，这个轴代表着观察者的视角。与传统方式不同的是，光场相机公司的浸入式相机是一个巨大的六边形平板，上面嵌有 60 个圆柱形的小镜头，就像苍蝇的复眼一样。有趣的是，每个小镜头不仅能捕捉光线，而且能追踪光线的路径。通过多角度拍摄同一场景，相机就可以准确定位你的视角，并呈现出你在这个视角中应该看到的景象。然后，软件将这些数据合成 VR 视频，这样你就可以在其中多角度地观察周围的环境了。（这项技术实际上比我描述的要复杂得多。光场相机公司的创始人曾经撰写过一篇关于光场捕获的博士论文，好吧，我们大多数人肯定理解不了。还有，别指望这个相机能很快面市，这套系统的价格可是高达六位数美元的。）

登月视频只是个小样，但是光场相机公司已经看到自己努力工作的成果。克里斯·米尔克的 Within 公司，利用该系统创作了一部名为《哈利路亚》的音乐影像作品，视频中一名歌手演唱了莱昂纳德·科恩这首激动人心的名曲，其效果是非凡的。跟小刺猬亨利一直注视着你不同，这名歌手没有注视着你，但是那种现场感却更强烈——和登月视频类似的是，当灯光亮起来时，你会看到站在歌手身后的唱诗班，以及辉煌的教堂，那种身临其境的感觉更强烈了。

光场相机公司的光场方法只是人为创造“有体量”的视频的一种方式，这种视频不是扁平化的，而是一个完整的空间。有些公司试图在绿色屏幕上记录人们的行动，然后把这些动作数字化，并把它们最终融合到数字化重建的视频环境中，这样人物就能在环境中运动了。（比如《指环王》里的咕噜姆，就利用了动作捕捉表演技术，只是不需要带运动采集设备而已。）脸书甚至已经开发出两款小的摄像头，可以把你融入视频，而且价格也很友好，适合独立电影人。VR 视频最终会变得更自由、更舒适。

尽管技术上的成功让人欣喜，但对于讲故事的人来说，真正具有影响力的是他们能够和你建立亲密关系的能力。在菲利克斯·拉热奈斯和保罗·拉斐尔的《陌生人》中，我哪怕只是待在那儿看着别人弹钢琴就能感受到亲密感，如果我能站起来穿过房间，坐在地板上和打盹儿的狗待在一起，那么这种感觉会不会更强烈？

随着越来越多“有体量”的VR视频在电影节上展播，我们渐渐知道了问题的答案。其中有一部作品，你可以陪同一名大屠杀的幸存者前往波兰的集中营，回顾他在那里的童年时光；你和他一起站在兵营和火葬场边，看着空荡荡的床。这部作品比任何纪录片或催泪电影都更加让你有身临其境之感，更加感人。另一部作品是诺尼·德·拉·佩里亚的工作室团队和美国公共广播公司合作的电视剧《前线》，你与一名有前科的犯人单独待在监狱的禁闭室里。尽管你知道他是数字化的影像——他衣服角有时候有点儿闪光，但是当你靠近他听他谈起他的感官被剥夺的经历时，一切还是让人不寒而栗。所有的同情、同理心和亲密感都被整合在VR作品里。也许最让人兴奋的是，每一种体验都来自不同的工作室，它们都在用自己的方式为VR视频探索新的可能——并为我们在这些视频中建立的与他人世界的关联提供新的可能。

生命的体验——在一起

然而，现在VR视频仍然无法将更多的人聚集在VR中。就像雷·麦克卢尔的VVVR项目一样，大家可以通过发出声音转化成VR里面的彩色小球进行互动。这就是为什么即使Within这样的VR电影制作巨头也在试图将VR叙事变成一种共享体验，而不局限于现在的单纯的纪录片或故事片。

毫无疑问，讲故事一直是一种共同经历。但是我的意思不是指朋友们坐在漆黑的电影院里一起看电影。我说的是你应该融入故事本身，甚至成为故事本身。而这恰恰是我采访 Within 公司时试图寻找的，我还记得那是个阳光明媚的 5 月的一天下午。

和许多洛杉矶蓬勃发展的 VR 公司一样，Within 公司总部位于卡尔弗城，一个融合了时尚和好莱坞元素的城市，也是传统媒体巨头的大本营。索尼影业庞大的摄影棚就在不到一英里远的地方。比较好的是，Within 公司的原创内容制作者都来自传统电影制作领域。杰斯·恩格尔本来是个独立电影人，2016 年加入 Within 公司，并为该公司的叙事电影发展努力至今。2017 年晚些时候，她冒着风险创立了自己的 VR 电影公司。今天她对我非常友善，满足了我想看公司新作品的要求。

然而，“看”这个字显然不能表现这个视频的全部。当我在 Within 公司拜访恩格尔时，她刚刚从翠贝卡电影节归来，在那里她为电影节的参与者提供了一个名为《我们的生命》的互动 VR 项目。现在，我们就来体验一下 Within 公司的这部作品，也就是我们这一小节的标题——在一起。当我戴上我的 HTC VIVE 耳机，手里拿好控制器后，恩格尔走到大厅尽头的一间小办公室里，也穿上了她自己的装备，开始了我们的体验。

我的第一反应是惊讶。我看到了 Within 公司几乎所有的作品，当然大部分都是视频。现在，我不是个旁观者了，我变成一个角色——甚至不是一个人类。我变成一个色彩鲜艳的、多边形的、折纸风格的阿米巴虫。恩格尔也是！“你能看见我吗？”她在我的耳机里问道，软件把她的声音扭曲成一种嘶哑的高音。“你就在那里！”话音刚落我就笑了出来，因为我也从耳机里听到自己变调的声音。我们在彼此身边飘浮着、蠕动着。我只能想象着这是阿米巴虫的时尚，然后止不住歇斯底里地大笑起来。

然后场景瞬间发生变化。现在我们是某种原始的海洋蝌蚪，吐着泡泡在海洋里一起游泳，光线穿过海面照射下来。我们好像在轨道上移动一样，还可以自由地移动我们的手和头——如果我们有手的话。但是很快，我们真的有手了：现在我们是两条腿的蜥蜴了，跑着穿过沙漠，身后一只霸王龙正在追赶我们。然后，我们又能飞了。喷火翼龙和我们一起在火山上翱翔。再然后，这回我们变成在草原上奔跑的大猩猩，身上挂满了小猴子，它们都想抱住我们的猿类身体，我们互相拍打着对方的肩膀和手臂，然后一起朝着下一个进化步骤奔跑。

然后，我们变成人类，变成穿着深色西装的办公室白领，在一群长相酷似的人群中穿梭，公文包里的文件到处乱飞。我对自己说，原来进化如此简单。我们继续奔跑，城市开始慢慢变暗，也更有未来感。我看着恩格尔本人，她和我一样都戴着 VR 头戴式显示器，身上穿戴着数码设备。最终所有场景都变黑了，音乐也停止了。我们的身体变得支离破碎。当灯光再次亮起时，我们又都变成女性机器人（恩格尔后来提醒我，“未来是女性的”），我们随着法瑞尔·威廉姆斯为《我们的生命》特别录制的一首歌翩翩起舞。我们被各种生物包围着，就是我们刚刚经历过的各种生物，从小的阿米巴虫到人类——直到最后，所有场景又变黑了，两个大字出现在我面前：醒醒！

和许多 VR 体验类似，《我们的生命》在很多方面挑战了我们的叙事方式。首先，跟实际的 7 分钟相比，这种体验感觉既长又短。虽然它似乎一会儿就结束了，但这一会儿却容纳了大量的细节，以至你回想起来感觉就像看了一场两小时的电影那样生动。我当下的思考方式几乎是矛盾的，也是压缩的——奇怪的是，如果我非要比较的话，这种感觉和我第一次跳伞很像。

那是一个晴朗的 7 月的早晨，我跳下飞机的一瞬间，体验了不到两分钟的自由落体运动。然而，这短短的瞬间却让我多年来保留着清醒的记忆——不是作为一种持续的记忆，而是一个个随机的微小记忆的集合，每个微小记忆都像快照一样清晰：我的脚扑腾着，风拍打着我的脸颊，飞机在我身后越来越远。这不是一个整体的体验，是一系列幻灯片在播放。《我们的生命》也以这种方式深深地印在我的脑海里：火山、笑声、大猩猩恩格尔贴近的脸（那会儿她正在从我手臂上拽下一只猴子）。

但是，《我们的生命》与众不同的一点在于，故事里不仅有我，还有别人和我在一起。那个人还不是一个对着摄影机说话的角色，也不是电子游戏里看着我的一个生物，而是一个真实的人——一个目睹了我所目睹的一切的人，一个经历了我所经历的一切的人，一个最终成为我这段有趣记忆的一部分的人。

我知道恩格尔可能已经经历了几十次这样的旅程，也许有上百次。所以当我们坐下来时，我问了她一个我一直在思考的问题："你现在还会在 VR——尤其是在《我们的生命》里迷失自我吗？"

"我的所有感官都被调动起来。"她说，"我的声音，我的眼睛，我的身体。即使我体验过，每次还是不同的，因为我们在一起的经历是与众不同的。就像餐馆一样，你可以千百次去同一家餐馆，但是由于每次和你去的人不同，哪怕你点的是一样的菜，你的感受也会不同。这就是经验共享。”

“这个工具的有趣之处在于，”恩格尔指着头戴式显示器说，“它没有任何意义，它就是一堆硬件。但是你使用它的方式会带来很多意义。”“它就是个餐馆，”我说，“头戴式显示器就像个餐馆。”她笑着说：“答对了。重要的是你和谁在一起，以及你们是如何互动的。”

你和谁在一起，你们如何互动。这是我们有生以来第一次面对一种能把我们带到其他空间的技术，无论是身体上、精神上，还是情感上。它不仅需要我们的注意力，同样需要捕捉我们的想象力，或者让我们事后思考；它不需要使用“我读过一本关于……的书”或者“我玩了一个关于……的游戏”这样的句子。取而代之的是，我从一个微生物不断演化，最终进化成一个闪烁的死后之光。最重要的是，我和别人一起经历了这种体验——并且，在此过程中，我们建立了一种新的亲密关系。

第五章

何时互动，和谁互动

从游戏之夜到网络性骚扰，
社交 VR 是如何重塑一切的

现在似乎是坦白的最佳时机：我一生都很喜欢角色扮演游戏，比如《龙与地下城》。骰子、字符表和复杂的规则都令我着迷。在上小学的时候，我会买好多画板，就为了能在上面画出地牢，画出迷宫般的走廊和地下墓穴，以便让我脑海中的冒险家展开冒险。我也会创造人物，编造各种详尽的背景故事，以此解释为什么侏儒武士会坚持挥舞一把几乎和他一样高的剑。我也会阅读著名的《怪物手册》之类的书籍，阅读介绍一个凝胶状立方体有多少生命值的书籍，并记住食肉罗刹所投射的各种幻象。（很明显，最后一句话很令人难堪，这点我还是有自知之明的。）

但是，我从来没有真正玩过这些游戏。

尽管我很喜欢这些游戏的理念，但是实际的游戏体验还是有待改进。我的朋友圈里从来都凑不齐人，即使我们好不容易凑齐了游戏需要的人数，通常玩了不到一个小时队伍就散了。原因可能是游戏无聊，或者是有人看不懂，或者是有人喝了太多的运动饮料尿遁了。我也试过去游戏商店寻找同好，但是加入一群骨灰级玩家又总让我感到为难。当然，是的，我也会有点儿害羞，但是不管出于什么原因，结果都是一样的。我从来没有突破过开始的关卡，也永远不知道那种与那些快乐的冒险家联合起来抵御恶魔然后坐拥宝藏的快感。

但是现在，我正在一家酒馆里试着这么做。

好吧，这是个虚拟酒馆，在 Altspace 里，Altspace 是 VR 领域最早的多用户社交应用之一。我们 5 个人围坐在一张巨大的桌子旁：我，另外 3 个《龙与地下城》的玩家，还有蒂姆——一个带我们玩游戏的“地下城主”。我想说我们是一群杂七杂八的人，但是事实却非如此。Altspace 只提供一些虚拟化身，你可以选择其中一个作为你的人物形象。我们 5 人中，有 3 人选择了机器人的虚拟化身，只是颜色不同。另外两个——我和一个叫赞恩的家伙，看起来也和机器人一样面无表情，这要归因于我们在游戏里脸上同样毫无表情的虚拟游戏化身。

蒂姆让我们解释一下各自在游戏中的角色，冒险从上周中断的地方继续。（警告：如果这段话的后半部分听起来像《指环王》的同人小说，那也是因为《龙与地下城》本身的设定就是如此。）我扮演的角色是一个名为凯尔·菲尔本的德鲁伊，我和我那些追求荣耀的同伴已经开始为一个贸易队打工了。在过去的 3 个星期里，我们坐着大篷车日夜兼程，试图搞清楚我们之中究竟谁是“真龙天子”。恶魔在这片土地上蠢蠢欲动，我们正在紧追不舍。我们终于到了一家客栈，大雨倾盆而下，我们却被客栈老板拒之门外——坐在客栈公共休息室里的一群贵族还嘲笑我们。

我们有种预感，他们把客栈老板扣作人质了。此外，露天过夜可不是个好主意，外面很冷，我们的马可能坚持不下去。“我们必须进去。”坐在我身边的灰色机器人达斯特说，他扮演的角色是精灵战士。作为一个德鲁伊，我的能力是变身为棕熊，因此我告诉蒂姆我打算用我的魔法破门而入，把那些傲慢的贵族赶出客栈，这时我那些不会化身为熊的其他朋友就会冲进来挽救大局，而这样，心怀感激的客栈老板肯定会款待我们。“听起来不错。”他说，“你先来做强度检查吧。”

就像 11 岁时的我特别想告诉你的一样,《龙与地下城》里的每一款游戏，都是围绕骰子展开的。无论你想做什么操作——比如，倾听树林里的声音，跳过裂缝，或者施咒语，你都需要投骰子。有些骰子是常见的骰子，和你在《大富翁》里玩的一样，有些形状就比较奇特了：4 面、8 面、10 面、12 面和 20 面骰子都会出现在角色扮演游戏的桌上。甚至还有一个 120 面的骰子，数学家称其为 disdyakis 三十面体，尽管它除了确定你最终会在多大年龄失贞之外，对游戏玩家来说没有什么用处。

此时，强度检查的意思是，我需要投掷一个 20 面的骰子，结果将决定大门能否禁得住攻击，或者客栈最终能否成为我们的庇护所。我环顾四周，桌子上没有骰子。我又看看蒂姆，他指了指上面。我抬头一看便明白了：我们头顶上飘着各式各样的骰子。我按下手中的 Oculus Touch（动作捕捉手柄），选择了虚拟的 20 面体。它掉在桌子上，滚动着，最终停在了 14 点。我差一点点就能破门而入了，但是我并不是王。我终于找到了我的梦想：在舒适的头戴式显示器里度过一个游戏之夜。

能做什么——或者在哪做？

如果你想为改变未来奋斗，那么你最好看起来像从未来穿越过来的人，这可能会有帮助。Altspace 公司的联合创始人兼首席执行官埃里克·罗默就会这么做。他的穿着并没有什么特别的，不过就是常见的商务休闲装，他的特别之处部分在于他又高又瘦，而他最大的特征是光头。如果你想要和别人打赌预测 2023 年什么造型会流行，就选最符合空气动力学的人吧（光头阻力小嘛）。

VR 甚至不是罗默对未来的第一个赌注。在他即将获得机械工程硕士学位时，一位教授代表两个人给他发了一封电子邮件，这两个人当时正在为他们创办的太空探索技术公司（Space X）招聘员工。埃隆·马斯克就是其中之一，这也是罗默成为太空探索技术公司第 13 名员工的理由。最后，他创办了一家专注于太阳能领域的公司，但当该行业陷入低谷时，他关闭了这家公司，以寻找下一个机会。

那是 2012 年年底——正是 VR 重新回归人们视野的时候。在接下来一年半的时间里，罗默潜心研究 VR 技术，并认真思考在新的 VR 世界里，什么样的公司才是最有意义的。和 VR 世界里的其他人一样，他也读过《雪崩》，但是他知道，我们对 VR 未来的期望很可能最终会像那辆著名的飞行汽车一样：被某种期望限制，但这种期望又配不上我们的实际需求。“人们从这些书里得到的最大收获是，VR 是一个你能进入的场景，这太酷了。”他说，“哇，我们看到这个俱乐部，它是一个巨大的黑色球体，我还能走进去，简直太酷了。”

在罗默和他的联合创始人看来，VR 不单单是走进那个巨大的黑色球体。你在哪里不重要，重要的是你和谁在一起。所以 Altspace 公司不想让你走进 VR，四处探索一番然后离开，它希望你因为你的所爱而常来常往。当你连接到 Altspace 时，你能选择的环境比较有限，而且大多数环境都不是假想出来的：酒馆、普通夜总会、现代主义住宅、家庭影院、冥想道场。这些地方不是目的地，而是场地，你可以在那里举办各种各样的活动，从《龙与地下城》到《割草者》（这些已经出现好几次了，你应该已经猜到了）。

同样，你的虚拟化身（你在 VR 里呈现出的角色）也非常简单。如今，即使最平庸的电子游戏也能让你自行调整你的角色，让它看起来和你想要的一样，从下巴线条、眼睛颜色、眉毛形状、面部毛发到体态特征。在 Altspace 中，你只要选择 3 样东西：6 个化身形象任选其一，它的肤色（或者，如果是机器人的话，就是它的机身色调），以及它的服装配色方案。这是因为在罗默看来，定制形象是一种时间上的浪费。他宁愿花更多的时间想办法让你知道应该做什么，然后找到志同道合的小伙伴一起启程。至少第一部分你可以想象到：当你登录 Altspace 时，你面前会呈现出一个日历，上面列出未来几天将要发生的重大事件，以及这些游戏、对话的场地。但是，第二部分似乎是 Altspace 和其他类似平台共同面临的巨大障碍：罗默将用户数量设置为数万人，但是与之不同的是，通常情况下，当你登录 Altspace 时，你会发现一些聚会的空间，每个空间都有十几个人在玩游戏，或者围炉夜话。到目前为止，最繁忙的时间都留给了罗默所称的 Altspace 的“大事件”，这些事件已经成为平台最大的吸引力。在 2016 年总统大选期间，该平台与 NBC News（美国全国广播公司）

联合主办了“虚拟民主广场”活动。在那里，人们可以一起观看特朗普与希拉里的竞选辩论，或者倾听阿尔·罗克的演说，或者和《会见新闻界》节目主持人查克·托德见面。播客主播们在 Altspace 上录制节目，即兴喜剧剧团在那里表演节目。而最持久的活动是音乐家兼喜剧演员雷吉·沃茨会在 Altspace 进行驻地演出，每隔几周就举办一场现场演出。公司甚至为他定制了一个虚拟形象，从非洲式发型、胡须到吊带，人们一眼就能认出他来。2016 年 5 月他第一次登台表演时，公司宣称有超过 1 000 人参加了该活动，这使其成为有史以来在 VR 空间聚集人数最多的一次活动。

沃茨最有名的身份应该是在哥伦比亚广播公司脱口秀节目《詹姆斯·柯登深深夜秀》中的乐队指挥，在节目中他会问每个嘉宾一个奇怪的问题。（“当你谈及感官享受时，”他问杰夫·高布伦，“你认为主要是倾听，还是对一些无法言说的东西做出实时反应？”面对娜奥米·坎贝尔，他问了一个更接地气的问题：“如果你必须选择松饼、饼干、曲奇、薯片，或者只是在一艘船上享受片刻，你会选择哪一个？”）不过，如果你觉得他在广播电视上不合逻辑的表现很奇怪，那么你应该看看他的现场秀，他的现场即兴表演确实有着强大的生命力。他在即兴创作的表演和即兴音乐之间进行转换，用键盘和循环机器结合口技创作出音乐作品。由此产生的混合效应（部分像科幻小说，部分像喜剧，部分像午夜杂谈）可能会让人迷惑，但娱乐就是娱乐。

令人惊讶的是，这种感觉在 VR 中也能实现。这部分归因于 VR 令人惊叹的物理上的真实感。在 VR 中，沃茨可以在夜店的舞台上来回走动；而实际上，他正在洛杉矶的家里，身着一套造价 1 500 美元的 VR 动作捕捉套装。当你看到他在 Altspace 里的虚拟化身移动时——点头，微微弯曲膝盖然后左右摇摆——并不会增加你的真实感。但是它会让沃茨比其他 Altspace 里的虚拟化身更有真实感，其他的角色大多数就像机器人管家，只会单纯地滑动和平移。

然而，这不仅仅是身体上的感受。沃茨旁若无人的舞蹈会让人觉得他像个超频大脑的产物。和任何优秀的演员一样，他和观众之间也需要联系，但是因为他所做的很多事情都归结于"自言自语，自弹自唱"，所以他只要有一个和身体近似的形象，就可以把他的其他元素完全呈现出来。幸运的是，他的 VR 形象完全保留了他的音乐元素：他的双手放在控制器的键盘上，这样当他戴着 VR 头戴式显示器时，他就能找到它（只需要寻找飘浮控制器！）。

尽管雷吉·沃茨的真人秀和 VR 真人秀有很多相似的地方，但是还是有两个明显的不同之处。这也暗示了共享 VR 在未来可能会面临一些问题。和在线多人游戏一样，如果能够允许大量的人在在线空间同时进行操作和交互，那么对任何一家公司来说都意味着令人震惊的技术提升。Altspace 为了能够在同一时间容纳成百上千人，它想出一个巧妙的办法：把 VR 观众分割为 30 人左右的小组群，把这些 VR 放在相同的 VR 夜店里，然后把沃茨的舞台形象复制到这些相同的房间里。你的感觉不像看一场体育场的演出，甚至不像在小音乐厅看演出，而是在一个有几十个人参加的、更舒适的场所里欣赏表演。虽然你并不期待能够看到重金属乐队或碧昂丝在一个小酒馆里倾尽全力演出，但是对于其他某些类型的演出来说，这是个完美的环境——比如，一个音乐喜剧怪咖。Altspace 宣称这种方法可以允许 4 万人同时在线，利用各种各样的 VR 环境适应不同的事件。对沃茨来说，同时在数十个或数百个 VR 房间进行演出，并不如你想象的那样震撼。他只能看到一个房间内的人群。

令人惊叹的是，人类第一次出现这样一种新兴的社交行为，它扎根于传统社交媒体，但在 VR 中呈现出新的维度。如果你看过脸书上的直播视频，你可能会看到有人发布大拇指点赞符号以及其他脸书认可的表情符号，比如心形和愤怒的表情符号等，这些在视频中随处可见，直接从观众的拇指到你的智能手机屏幕。Altspace 也支持类似的实时回复：用户可以把笑脸、比心，或者鼓掌的表情发送到头像的上方。如果你是房间里 30 人中的一员，就相当于在演唱会现场举起打火机或用手机屏幕形成灯海，只不过这是个虚拟版本：这是一种表达你的感激之情的完美方法，你不用再大吼大叫，也不会干扰演出。不过，如果你是雷吉・沃茨的话，你能看到所有发给你的表情符号。这些表情来自房间里的所有人——空气中弥漫着浓浓的爱心、微笑和掌声，从天花板飘向天空，而这些东西实际上并不存在。

社交 VR，个人空间，以及好斗的弓箭手

自从我们的电脑能够互相交流以来，我们就一直用它们做着各种类似的事情。对我来说，在上大学的第一年，我和我的朋友学会了如何与其他学校的学生进行“网聊”。当然，那是 1993 年，互联网还是个令人瞠目结舌的新兴事物，使用互联网也主要是为了键入各种无

意义的单词，比如“远程登录”。即便如此，与人见面的感觉（尤其是对于那时的我们，与姑娘们见面的感觉）还是立刻盖过了我们使用电脑的其他所有理由。视频游戏？写论文？这些都很好，但是它们不能帮我们勾搭上妹子。

我们当然不是唯一这样想的人。在互联网存在的头30年里，它的演变是以社会交往的兴衰为标志的。首先是“公告牌系统”和世界性的新闻组网络系统（Usenet）（想一下没有任何图形的红迪网，就是这种），然后就是聊天室，再然后是即时消息——基本上是我喜爱的“网聊”的后续，允许两个人你一句我一句地聊天。最后，社交网络出现了，把所有的东西都混在一起。现在，像脸书、推特、色拉布这样的网站比比皆是，允许你和你能想到的任何社交群体进行即时沟通。

随着在线社交工具在速度和规模上的扩张，利用这些工具的坏人的能力也在增强。在过去，“引战”一词只是指代为了找乐子而进行挑衅性的争论。如今，这个词被用来描述那种匿名的网络暴力行为。比如，演员莱斯莉·琼斯因种族主义和性别歧视者的辱骂而不得不关闭推特。网络暴力已经成为当代互联网的主要特征之一。几年前，皮尤研究中心发现，40%的互联网用户（以及18～24岁人群中的70%）在一定程度上都经历过网络暴力。

到目前为止，网络暴力都是在异地发生的。其呈现方式包括手机上或电脑屏幕上看到的文字和图片。但随着VR的出现，我们的社交网络已经被实实在在地体现出来。曾经的匿名评论者现在变成一个匿名的虚拟化身——另一个人就站在你面前。曾经的网络暴力只有唾弃的侮辱或污蔑，现在的坏人却有能力侵入你的个人空间。

随着高端头戴式显示器的发布，VR 开始吸引更多的用户。这些用户开始在 VR 里共存。有人发现，在线和匿名的结合很能鼓动人心。2016 年年底，一名叫乔丹·贝拉米尔（化名）的女性在网络平台“Medium”上发表了一篇文章，详细描述了她在 VR 里的第一次经历，这也是她第一次在 VR 里被骚扰。

怀疑者的角落——私人空间

你：私人空间？不，对不起，我不买账。

我：说说理由。

你：好吧，首先这不是你。就像你向下看时甚至不一定能看到腿，所以距离有多近又有什么关系呢？

我：所以其实已经有很多人思考这个问题了，也花费了很长时间。研究领域甚至有一个术语：空间医学。大多数的空间医学研究是在 VR 出现前的几十年进行的，但是在 2001 年，加州大学圣芭芭拉分校的一些学者决定研究 VR 对人们私人空间的影响。他们设计了一个简单的虚拟房间，让志愿者戴上头戴式显示器，走到屋子里另外一个人的面前，喊他的名字。然而，这个“人”实际上是一个虚拟的人，简单说就是电子游戏里的一个角色。

和许多心理学研究类似，志愿者以为他们是出于某种目的开展这个研究的（比如测试一下他们的记忆力），但是研究者真正想了解的是人们会给这个虚拟人物多大的私人空间。为了弄清楚这一点，他们对这个角色设定了五种眼神交流的方式：从闭着眼睛到盯着志愿者，再到转过头去追随志愿者。不出所料，当虚拟人物直视志愿者，并用眼睛跟随他们时，志愿者对他敬而远之。是的，在 VR 中也有私人空间。

不过，男性志愿者和女性志愿者在一个相当基本的方面存在差异。当男性志愿者直面虚拟人物时，他们与虚拟人物保持的距离不取决于虚拟人物看他们的方式，而取决于这个角色有多少“社交存在感”——换句话说，取决于志愿者在多大程度上意识到这个角色的存在，并相信他存在。事实证明，男性不会和其他男性保持眼神交流，所以他们根本不像女性志愿者那样注意到虚拟人物的眼神。

贝拉米尔曾经用她姐夫的 VR 系统玩过一款虚拟射箭游戏（我想你可能会猜到）叫 *QuiVr*。*QuiVr* 通过手的魔力来工作：一只手握着控制器作为弓，另外一只手作为箭，你可以模拟搭箭和射箭的动作，从山上城堡的城墙上狙击不死生物。在玩过单人模式后，她决定在多人模式下再玩一轮。

为了让你了解这个游戏，这里简单概述一下：多人模式，顾名思义，就是不同玩家在同一时间玩同一款游戏，其形式可以多种多样。

20 世纪 80 年代的一些经典街机游戏可以让人们一起合作，例如《圣铠传说》，以拥有 4 个操纵杆为特色，它鼓励 4 人小组探索地下城，与共同的敌人战斗。而《街头霸王》这样的格斗游戏是为一对一的比赛设计的，在这种比赛中，两名选手进行高飞、投掷火球的肉搏战。然而，互联网的出现让这些游戏变成在线模式，现在，大多数多人玩家游戏都是分散的网络体验，在这种体验中，你可以与你从未见过的人对抗，或与之并肩作战。要想让一款游戏成为一种流行的文化现象——想想《光环》《使命召唤》《魔兽世界》《英雄联盟》《守望先锋》，多人在线游戏绝对是一个先决条件。

然而，多人在线游戏同样是恶行的温床：那里不仅有“不光明正大”的玩家，而且充斥着种族歧视和性别歧视言论；一旦某个玩家的名字或声音暗示这个玩家是女性，性骚扰就会随之开始；甚至充斥着强奸和其他暴力威胁。（多人在线游戏通常都有语音通信功能，而这一功能使得这种骚扰比单纯的图片骚扰更加直接，从本质上说，它与其他在线骚扰并没有太大的不同。）

当贝拉米尔开始玩 *QuiVr* 的多人模式时，与她搭档的玩家看起来和她在游戏里的样子一模一样：头上是飘浮式头戴式显示器，背后挂着箭袋，一手握弓，另外一只手空着，随时准备抓箭。没有脸，没有头发，没有衣服，没有身体——只有成为一个射手的最基本的元素。如果没有用户名和声音，那肯定就是匿名的了。但是，贝拉米尔在用她的麦克风，所以她的搭档知道她是个女人。其中一个搭档，她管他叫哥们 442 号，开始行为不轨起来。

> 在攻击完一波僵尸和恶魔之后，我在哥们 442 号身边闲逛，等待着我们的下一次攻击。突然，哥们 442 号的头戴式显示器开始对着我，他的手靠近我的身体，开始抚摸我的胸部。
>
> “停！”我喊着。我一定是被这种尴尬可笑的局面逗笑了。毕竟，女人应该很酷，应该对任何形式的性骚扰都一笑置之。但我还是叫他停下来。这刺激了他，甚至当我转身离开他的时候，他还追着我，在我胸口附近抓来抓去。他壮着胆子，甚至把手伸向我虚拟的胯部，开始摩擦。

“随着 VR 变得越来越真实，”她写道，“我们如何决定什么是真正的侵犯？我们最终需要制订规则来驯服 VR 多人游戏里的那些野蛮人，还是说这将成为另一个女性不敢涉足的领域？”人们对这篇文章的反应迅速而强烈。发明这款游戏的两个人在博客上发表了一篇很长的文章，对贝拉米尔经历的一切表示抱歉，并对未能预见这一事件而道歉。他们写道，在创造这款游戏时，他们设计了一个“个人泡泡”，这样玩家就不能在另一名玩家眼前挥舞双手去挡住他们的视线——一旦违规玩家的手就会消失，但他们并没有想过要将泡泡延伸到身体。“我们怎么能忽略这么明显的事情呢？”他们写道。当读到贝拉米尔的文章时，他们立即更新了游戏，以扩大“个人泡泡”的作用。

他们写道，还有更多的事情要处理：

> 随着我们的进步，我们想为 VR 社区的开发提供一种可能的思考方式。它由两部分组成。第一，我们当然应该努力防止性骚

> 扰的发生。但是第二，当骚扰真的发生了——我认为只要存在多人游戏体验，就没有办法完全阻止它，我们还需要为玩家维护自己的权利提供工具。我不知道这个想法是否正确，但是在我们看来，这似乎是合理的——如果 VR 有能力剥夺一个人的力量，并且这种感觉能够造成真正的心理伤害，那么我们也有能力在体验结束前将这种能力交还给玩家，以帮助他们缓解这种伤害。

QuiVr 并不是唯一一个考虑这些问题的多人 VR 游戏。几个月前，一款名为“Bigscreen”的应用程序的开发者宣布了一项与 *QuiVr* 开发者承诺的非常相似的措施：任何用户，如果在一定范围内接近其他用户都会消失。现在，任何想要吸引用户的多人游戏 VR 体验——或者在目前一切都是免费的情况下，想要吸引投资者的话，都在引入某种隐私保护或反骚扰措施。

Altspace 就是其中之一。在一个广为人知的例子之后，Altspace 推出自己的个人空间泡泡。在这个例子中，一名女记者写道，她第一次在这个平台上玩儿就被强行拥吻了。“个人泡泡”与 Altspace 为用户提供了其他选项，比如静音和阻止其他玩家的功能，以确保 Altspace 每天每分钟都可以在 VR 中使用。“在最初的日子里，我们感到非常惊喜，因为我们没有收到很多有关骚扰的报道，”埃里克·罗默表示，“但是一旦用户数量开始飙升，目标用户的数量就开始上升——这时你所看到的屏蔽用户、静音，以及个人泡泡就开始发挥作用，我认为这在很大程度上已经变得非常有效。关于性骚扰的报道真的少了很多，我甚至没听说过我们有过任何一例相关报道。所以现在情况好多了，但我认为我们还要继续努力。”

但是，这不仅仅是一个个人泡泡的问题。*QuiVr*、Bigscreen、Altspace 以及其他所有将人们聚集在一起的 VR 工具的开发者所面临的共同问题，不仅是如何让所有人都能安全地使用 VR，而且要让这项技术在刚起步时就做到这一点。总体而言，互联网平台，尤其是推特和照片墙这样的社交媒体平台，都将平台发展置于安全保障之上。结果是，这些平台把自己拉进坑里。推特经常陷入虐待和骚扰的争议之中。2017 年，照片墙公布了一项计划，计划使用人工智能来减少其评论中的骚扰——这可是照片墙这个应用发布 7 年以后的事儿了。

VR 有一个难得的机会防患于未然。很多人都浪费了这个机会。2014 年，一位研究网络游戏中性骚扰的作者写道：“性别歧视及其表现可能正在促使女性远离网络游戏，或者迫使她们安静地参与，而不是积极参与。”这样的命运不仅会对 VR 的包容性和平等性造成毁灭性打击，还会威胁整个技术。

如果开发人员和公司能够预见甚至先发制人地预防这种有害行为，这种命运是可以避免的。如果他们给用户提供正确的工具来增强自己的能力，如果他们积极主动地构建一个积极的社区，如果他们愿意采取行动——并强制执行，让社交 VR 欢迎所有人，那么 VR 将有机会成为它所承诺的样子。

骚扰和恶劣行为是社交 VR 早期面临的最紧迫的问题，但它们并不是唯一的问题。VR 技术的动态性和呈现效果持续吸引着认知科学家、精神病学家和其他学术界专家，毕竟，VR 为他们提供了一种虚构的方式，这种方式可以展现他们能想到的任何场景。

举个例子，最近，维也纳大学的一个跨学科研究小组开始研究，如果在 VR 社会中被排斥，那么人们在现实世界中的心理状态会受到何种影响。每个志愿者都进入一个虚拟的环境，那是一个阳光明媚的公园，在那里他们被邀请和另外两个人一起打球。（在此之前，一些志愿者被安排在一个等候室与另一个人待在一起，并被告知他们将与第三个人一起玩 VR 游戏；另一半志愿者被告知他们将和电脑合成的人一起玩。但在现实中，所有在 VR 中遇到的志愿者都是由电脑合成的。）对于一半的志愿者来说，球被扔给他们的概率是 1/3，这和预期的一样。然而，在另一半时间里，游戏变成了中学时代的“冷场”游戏：大约一分钟后，虚拟玩家停止向志愿者扔球，如果志愿者问为什么，他们也不会回答。

直接的结果并不令人惊讶。被排挤的志愿者报告的愤怒、悲伤和不确定感明显多于没有被排挤的志愿者，而那些认为自己在和真人玩的志愿者更伤心。相反，在那些没有被排挤的志愿者中，认为自己在和真人玩的人比那些知道自己在和电脑合成的伙伴玩的人要自信得多。很明显，与和游戏角色或其他电脑合成的人物进行简单的互动相比，和真实的人进行虚拟社交更能引发强烈的情感反应。

不过，后面的研究更有趣。在每位志愿者完成 VR 体验之后，一名研究员把一支铅笔扔在他面前，记录志愿者面对铅笔做出的反应，并计算他捡起铅笔的时间。那些被排挤的人花费了更多的时间去捡铅笔。过去的研究也证实过这种反社会的反应，这次新的发现是：那些认为自己被真人排挤的人花费的时间更长。而面对“电脑合成的人”，志愿者可能倾向于把这种排挤归结为技术故障，而那些被虚拟人类排挤的人，他们产生的痛苦就像在现实生活中一样，是发自内心的。（相反，早先的一个研究发现，在虚拟现实中成为“超级英雄”的人，如果在体验里通过空中飞行成功解救了一个小孩，那么他更有可能在类似的场景下把笔捡起来——就像异化可以被诱导一样，利他主义也可以被诱导。）

我们对待彼此的方式非常重要，在线上、线下，甚至 VR 中都可能如此，因为在 VR 里，匿名加上存在感可谓无所不能。新兴的社交 VR 平台如何看待这种力量还有待观察，但即使是现在的小失败也能帮助开发者重新思考以及设计决策，并产生深远的影响。随着新生现实感慢慢变成我们数字生活中不断增长的一部分——新生现实感慢慢和我们真正的生活融合，如果技术允许，它们很快就会变得难分彼此——那么这些现实的缔造者将肩负着避免，甚至弥补前人错误的重任。

他们会承担这种责任吗？我不确定。我听过各种高谈阔论，他们都很热切地想要创造一种氛围，让人们不会去排挤别人或者被别人排挤，更不用说受到威胁了。但是那些追求快速发展的公司常常忘了发展的智慧——有时候，最聪明的公司不一定能增长得足够快以坚持下去。所以让我们简单看一下吧。

现在，做一个小调查

不，不是那种调查。既然我们一直在谈论社交存在感的惊人力量，现在似乎是退一步的好时机，这样你就可以从整体上了解社交

VR 的全景。到 2017 年年底，只有不到 10 个活跃的社交 VR 公司，每个都有自己的用户社区、自己的特征和自己面临的挑战。还有几十种 VR 体验和应用程序，比如 *QuiVr* 或葫芦网（Hulu）的 VR 应用程序，它们以社交为特色，允许你与朋友们建立联系，并在虚拟世界的二维屏幕上观看流媒体服务提供的内容。

Altspace：在这方面非常领先，我想你也知道。

任意门（*Anyland*）（一款建造游戏）：这是最字面意义上的“开放式 VR”了。创立一个两人团队，*Anyland* 把所有的创建工具和交流工具都放在用户手里。你开始使用时只有一双手，但是你可以用游戏里的雕塑工具给自己创造一个头像（也就是你的虚拟化身），再创造你的家——然后你会找到别人来共度时光。因为它很难，所以不像其他平台那样受欢迎，但是它是一个小而富有激情的社区。

Bigscreen：这款社交 VR 应用是基于……嗯，一个大屏幕。与其围炉夜话，不如邀请其他用户坐在你电脑显示器的巨型屏幕旁玩游戏或看电影。“我们不是在建立‘元宇宙’，我们的目标不是建立一个社交网络。”该公司的创始人在公司博客上写道，“相反，我们的目标是建立一个平台，让人们能够在虚拟现实中使用现有的内容、应用程序和游戏，并与朋友和同事在一个共享的虚拟空间进行社交。”

High Fidelity（社交应用）：如果菲利普·罗斯戴尔这个名字你听起来很熟悉，那么你可能玩过《第二人生》。罗斯戴尔的公司林登实验室于 2003 年创建了这个被大肆宣传的网络世界；他在 2009 年离开公司，几年后成立了 High Fidelity 公司。它是为数不多的几个社交 VR 平台之一，目标是成为像互联网本身一样巨大的平台，邀请用户创建像他们在《第二人生》中创造的那样庞大和细致的 VR 世界。High Fidelity 目前仍处于测试阶段，这意味着它还没有正式发布作品，但值得注意的是，它允许用户的虚拟化身具有实时面部表情和视线追踪功能，这些功能目前还无法通过头戴式显示器实现，但用户可以通过额外的传感器实现。换句话说，High Fidelity 是发烧友的天堂，却会让普通用户对其敬而远之。

Rec Room：目前最受欢迎的多人社交 VR 应用之一，它围绕着集体游戏和活动的理念构建而成。它有一种卡通般的美感，也有一种直接而明显的幽默感——人们击掌时会产生一朵五彩纸屑的云，如果你想和某人一起参加派对，只需要轻轻与他一击。在接下来的几章中，我们会花更多的时间了解它。

Sansar：菲利普·罗斯戴尔离开的林登实验室仍然在运行《第二人生》，但现在它也有了 Sansar，这是一个从头开始构建的 VR 世界。就像 High Fidelity 一样，它允许用户通过一个复杂的游戏引擎来设计和创造令人惊叹的世界，并想象自己能像互联网一样无所不包。不过，与 High Fidelity 非常相似的是，它仍处于测试阶段。

VR Chat：尽管学习曲线有点儿陡峭，但 VR Chat 有一个强大的用户社区，他们中的许多人设计的虚拟角色复杂得就像要上场打一场版权官司：一个行走的英特尔芯片、著名的视频游戏角色、钢铁侠，甚至是《自杀小队》中的小丑杰瑞德·莱托。它最近几个月变得非常流行，但它的结构不如 Altspace 或 *Rec Room* 这样的应用。

vTime：另一个社交 VR 的先驱，社交网络 vTime 严格关注谈话。你设计一个虚拟化身，然后和其他用户相遇，从田园（山谷中的一条河），到梦幻（国际空间站顶部），到日常办公（高层办公室的会议桌——是的，你可以在那里开会），里面提供了各种各样的环境。这是一款罕见的社交 VR 应用，几乎可以在所有的 VR 头戴式显示器上使用，甚至像谷歌纸板那样便宜的头戴式显示器也可以。

TheWaveVR：它的一部分是社交 VR，一部分是音乐点播，它把活动换成虚拟音乐会——在一个名为"浪潮"（Wave）的环境中播放节目，用户可以聚集在那里听音乐、跳舞，或者只是呆呆地看着那些经常让人产生幻觉的视觉效果。

不过，有一个社交 VR 平台我没有列在这个清单上。这是个大问题——事实上，当有人说"社交"这个词时，你可能首先想到的就是它，它就是脸书。事实证明，脸书对 VR 和社交媒体的看法与其他任何一家公司都不相同。它的方法，以及它对 VR 和人际关系的意义最好留到下一章再谈。我们现在开始吧。

第六章

星光璀璨的夜晚

社交媒体，

亲密感以及记住体验

当我能看清周围时，我正站在一张桌子旁边，左边是脸书的员工马克斯。好吧，并不是真正的左边。实际上马克斯正在附近的一个房间里，戴着他的头戴式显示器，和我说话的这个马克斯实际上是他的虚拟化身。他的头发是棕色的，留着胡须，他友好地微笑着。“好吧，嘿！”他说，“让我们开始吧。看到你面前的码头了吗？伸手去摸摸上面写着‘照片’的地方吧。”

首先，我低下头看了看自己的手。多亏我握在手里的傲库路思的触摸式控制器，在 VR 里我也拥有了双手。当然，它们是半透明的蓝色，而且我的手指在 VR 里不能完全模仿我实际中的每一个手部细节动作，但当我把左手腕转向自己时，我可以看到手臂上虚拟的手表。（现在是下午 3 点 50 分，这是个阳光明媚的下午。）控制器上的按钮能够感受到我手指的触摸，然后根据排列组合把它转化为不同的 VR 手势；我可以松开手朝某人挥舞，也可以握拳或者竖大拇指，还可以捡东西。

或者，如果伸出我的食指，我可以指指点点。所以我就这么做了，伸手去触摸一张蓝色的方形图片，上面写着“照片”。我的手触摸到这张图片的瞬间，它就开始发光，我的控制器随之发出轻微的声响——一点点的感官反馈，以便让你更加明显地感受到这种身体接触的错觉。脸书上弹出 6 张我的照片。对于这家全球最大的社交媒体公司来说，这只是其万里长征的第一步，也是酝酿已久的第一步。

未来就在你的脸上

2014 年，马克·扎克伯格决定收购傲库路思，因为他认为 VR 不是一种有趣的逃避方式，而是一种与人沟通的方式。“这真的是一个新的交流平台。”他在脸书上（当然不可能是别的平台）宣布收购的消息，“想象一下，你不仅可以和朋友们在网上分享瞬间，还可以分享全部的经历和冒险。”这正是脸书一开始就计划的。两年后，扎克伯格在巴塞罗那举行的世界移动通信大会上宣布，脸书已经成立一个团队，致力于打造“VR 社交应用”。对在场的大多数人来说，它的含义还是一个谜，因为扎克伯格没有详加阐述。直到近两个月之后，才有人看到脸书的想法是什么。

F8 是脸书一年一度的“开发者大会”，F8 是一个科技行业代码，它是一个由公司主办的为期多日的活动，这个活动的重点在于对后台支持的介绍和对未来的预测。第二天的开幕主题演讲中，脸书的高管们详细介绍了公司在各方面取得的进展。脸书首席技术官迈克·斯科洛普夫在旧金山的梅森堡独自登台，花了大半个小时谈论人工智能和 VR，但随后事情发生了转折。“当你仅凭语言和视频进行展示时，人们总是很难对这些东西有明确的概念。”斯科洛普夫说，他手里拿着傲库路思·裂缝，“所以，我想带着大家一起进入 VR 领域，看看在现实世界中它是什么样子。”说着，他把裂缝滑过头顶。

他身后的大屏幕显示了他在头戴式显示器内部的视角：他站在一个方形的黑色垫子上，一层难以形容的灰色地板隐没在地平线上。这种最基本的极简主义是 VR 演示的一个标志——让你更专注于眼前的东西。然而，站在斯科洛普夫面前的是另一个人……或者至少是另一个人的头和手。这个“头”戴着眼镜，留着山羊胡，发际线向后收：这是斯科洛普夫的同事迈克·布斯，他负责扎克伯格提到的“VR 社交应用”团队。“嘿，斯科洛普夫，你好吗？”布斯高兴地问，挥手致意，“很抱歉我没能赶到 F8——我被困在脸书总部了。”

布斯开始向斯科洛普夫展示一些东西，它们散落在黑色的垫子上。这是一个“实验台”，他说，是脸书研究人们如何在 VR 中进行互动的一种方式。他举起的第一个东西看起来像一个水晶球，里面有一个小小的场景，它像鱼眼镜头一样扭曲，所以你不能彻底看清它是什么。“你为什么不抓住它，把它凑到你的脸上呢？”布斯说。在会展中心，斯科洛普夫伸出右手，手里握着一个控制器，从布斯手中接过小球。当他把小球靠近他的脸时，小球似乎是向外展开的，并围绕着人们。现在每个人都看到了这个小球里的场景：一个有着长长的拱形玻璃屋顶的火车站。这是一张 360° 的照片，两个人站在里面。“欢迎来到伦敦圣潘克拉斯车站！”迈克·布斯说。展示活动变成一场虚拟的旅行，两个人拿起一个又一个球，把大家带到小球里的每一个场景中，这些都是 360° 的照片：皮卡迪利广场；一个巨大的机房，脸书的一个巨大的互联网传输无人机就在那里（这可以写另外一本书了）；最后是横跨泰晤士河的威斯敏斯特大桥。

斯科洛普夫伸出手，指着两名游客。“嘿，”他说，“他们正在大本钟前自拍。我从来没有在大本钟前自拍过。”（当然，在开发者大会上照本宣科的花言巧语就像颁奖典礼和航空公司安全指示一样令人烦躁。）

“啊，我可能有一个解决办法。”布斯说着弯腰从垫子上拿起另一件东西：一根细长的棍子，一端连着一个屏幕。“我们一直在尝试的另一个实验是虚拟自拍杆！”观众们都笑了——然后，当斯科洛普夫拿起自拍杆，把它对准自己和布斯时，观众开始鼓掌。然而，魔术表演还没有结束。垫子上还放着几支彩笔，这两个人用它们画出领带，然后把领带系在对方的虚拟化身上。经过适当的修饰，他们拍了一些虚拟照片——斯科洛普夫竖起大拇指，感谢他手里的控制器，并结束了演示。它的时长只有 4 分钟多一点儿，却引起其他社交平台的注意：脸书不只是把你和预先录制好的环境中的人联系起来，它让你们一起去旅行。

事实上，这只是个开始。几个月后的开发者大会上，轮到马克·扎克伯格让大家惊叹不已了。

这次会议的议题是“傲库路思联结”，这是这家 VR 公司每年一度的活动，其目标就是激活它所依赖的网络社区，让它变得比其他社区更有活力。（毕竟，人们买头戴式显示器的初衷肯定是因为它有趣。）和布斯与斯科洛普夫展示的版本相比，扎克伯格的演示在很多方面都更精致、更先进。里面的虚拟化身虽然也是卡通化的，但是看起来已经非常逼真了。扎克伯格让他的虚拟化身看起来像超级男孩时代的贾斯汀·汀布莱克。他和他的同事没有拍摄360°的照片，而是在视频环境中骑马，观看鲨鱼在他们周围游来游去，并在火星表面查看探测器。脸书VR世界的这一版本推出一些新玩具，包括扑克牌以及一块屏幕，这样用户就可以在VR中观看二维视频了。当扎克伯格拍下这张“到此一游”的VR自拍照时，他把照片上传到自己脸书的主页上。

然而，这个演示有一个明显的“旁观者效应”。扎克伯格和他的同事参观了海底和火星，同时也拜访了他自己的办公室，甚至是家里的客厅——他的狗“野兽”在那里温顺地待着，隔着一段距离望着大家。但后来事情朝奇怪的方向发展了。电话铃声提醒扎克伯格，他正在通过脸书的通信功能接电话，当他在VR中查看手表时，发现是他的妻子普莉希拉打来的。他伸出一根手指，选择了“接电话”，然后半空中就弹出一个智能手机形状的屏幕。在屏幕上，他可以看到现实生活中的普莉希拉，而她所看到的手机里的扎克伯格却是VR中的形象。（“你看起来怎么像贾斯汀·汀布莱克？”她不由自主地问。）所有这些都是经过调整的，这样VR就不会让人感觉是在逃避现实，而是会成为日常生活的一部分。更重要的是，这个演示在现实世界和VR之间创造了一个虫洞。VR总是试图消除条条框框的限制，而脸书的这个项目允许人们仅仅使用智能手机，而不需要佩戴头戴式显示器就能进入VR，这个项目保证了VR不会成为一个与互联网隔离的封闭社区。

内在空间

之后又过了几个月，2017 年，脸书终于把这些演示变成人们真正能用的东西——“脸书空间”正如我们现在所知，这个 VR 空间和我们已知的其他所有 VR 社交平台都不同。打个简单的比方，如果说 VR 是单身酒吧，共享活动就是酒精。你进入 VR 是为了结识新朋友并建立人际关系，这些关系的建立往往依赖于《龙与地下城》或《彩弹游戏》或其他平台内置的东西。

如果说 Altspace 是单身酒吧的话，脸书空间（如果也拿约会来打比方）更像咖啡馆。在此你能做的是加深固有的人际关系。当你从头戴式显示器登录时，你会同步登录脸书页面——就是那个你身边朋友都在用的脸书，在这个脸书页面上，你的信息早就填好了，现在脸书空间直接为你呈现出来。比如，你可以用自己最近拍的照片给自己创建一个虚拟形象。

你在脸书空间里几乎就是干干闲事儿，更像跟朋友们在咖啡馆聊天。脸书看重的是参与者本人而不是活动本身。在这里，你不是来玩飞盘高尔夫的，你就是来闲逛的。你可以选择周围环境——任何一张你可以在脸书上找到的 360° 的照片或视频，但除此之外，没有多少娱乐活动。里面有一种记号笔，你可以拿来画 3D 物体，你和你的朋友还可以用它来互动——画个帽子戴在对方的头上！画上恶趣味的卡通胡子！里有一面镜子，你可以看到你那张威严的卡通脸。（别弄得好像你不会那样做似的。）当然还有自拍杆，你可以用它给你自己和你的朋友们拍一张 VR 照片，然后把照片发到你真实的脸书账户上。

别搞错了，这都不过是些愚蠢的小玩意儿。但这种愚蠢掩盖了一个更深层次的事实：在脸书看来，VR 并不是为了建立关系，而是为了加深现有的关系。人际关系是通过共同的经历建立起来的。这就是时刻，这就是亲密的织锦。脸书空间给了你一个如同调色板一样的新体验，这反过来让你拥有更多的时间与他人分享生活，你们也会变得更亲密。“它甚至不像花生酱和巧克力的那种搭配。”脸书社交 VR 项目负责人雷切尔·鲁宾·富兰克林表示，“这是一种神奇的结合，把 VR 中的存在感与你本就关心的人结合起来，然后说，好吧，你想一起体验什么？”（在 2016 年年底加入脸书之前，富兰克林曾在互动娱乐软件公司艺电工作多年，曾在《模拟人生 4》中担任监制。）

脸书空间的本质就是对固有关系的默认。在互联网 40 余年的历史中，无论哪种形态——从电子邮件到拨号上网的公告牌，到网页，到推特，到色拉布，到“Flipsock”，到“Gluzzzz”（好吧，最后两个是我编的，但是它们的出现也只是时间问题，对吗？），它们所依赖的都是你随心所欲展现自己的能力。你可能是克里奥尔烹饪论坛上的女王什锦饭，或者是订阅时事通讯和优惠券的一次性电子邮件账户上的 sexytime42@hotmail.com，但这些身份并不相互排斥。你只是在强调自己适合当前身份的一面。

当然不是说匿名就不能促进亲密关系。虽然有几十年历史的社会学研究表明，使用别名可以减轻压抑感，但是就算你不知道这些研究，你肯定也明白这一点。但凡你有点儿网聊的经验，你就会知道，现实生活中的陌生人可以在网上互相倾诉。然而，这种亲密感往往是在匿名情况下产生的：虽然你知道了“菲尔·希尔”这个 ID 的童年创伤，也知道了他存在交际障碍，但这并不意味着你们在生活中真的相遇了，你也会对他的经历同样敏感。事实上，如果你们只是现实生活中的熟人，见面喝杯咖啡可能会比这尴尬得多——你们俩都会全神贯注，努力让你的谈话对象和你在网上认识的那个“人”相匹配，这样事情就变得更复杂了，比如，叫菲尔·希尔的人，他的真名其实叫格里格。

虽然在线关系和真人关系的相同点大于不同点，但是它们却沿着相似又不同的轨迹发展。真实世界的关系往往会慢慢发展，并涉及信任和亲密感，随着时间的推移，人们内心深处的自我会最终显露出来。与此同时，匿名可以让人变得更坦诚，因此这种“数字化”的关系往往可以进展得很快，跳过建立人际关系的最初几个步骤，甚至逆转整个过程：你可以在了解一个人的言谈举止，甚至在听到他们大笑的声音之前，就知道他们内心深处的恐惧和幻想。

一个人对他人了解多少，以及何时产生这种了解，都决定了一个人对另一个人的看法。当你在网上认识了一个人，即使你看过他的照片，你对他的印象依然是不明确的：你不知道你们俩在现实世界中会产生什么样的化学反应（或者不会产生化学反应）。同样，如果你在现实生活中认识了一个女孩，那么这个过程可能会反过来，你会先看到她的外表，然后猜测她的心理活动和个性特征。任何一个见过网友（网恋）的人都知道，这两种方式都可能导致“见光死”。（这就是Match和eHarmony这类在线约会网站的背后理念：线上信息真实+初步线上对话+个人资料照片=更真实的联系。与你在酒吧或聚会上搭讪认识的人相比，这种交流更有效，而且不存在匿名在线交流的那种盲目不确定性。)

然而，早期的社交 VR 创造了第三条关系轨迹，一条存在于上述二者之间的轨迹。大多数 VR 平台都允许用户匿名，而匿名太能代表互联网了。比如，可选择的用户名，或者可定制的虚拟化身，这些形象可以像你，也可以不像你。然而，“在场”意味着你不仅要在键盘后面保持诚实，而且要作为一个实体身份，与其他实体身份共享一个空间。你觉得你是和别人在一起的，无论如何，你就是和别人在一起的。就像现实世界中的人际关系一样，这些常常会让你们从最初的害羞发展成熟人，再慢慢发展出友谊。

换句话说，即使你身在 VR 中，也不意味着你已经准备好马上展示你的灵魂了。让我们再回到脸书空间。通过与 VR 的对接——这种魔法可以让你分享生动的体验，再结合现有的人际关系，脸书希望 VR 社交能有一个诱人的未来，能吸引那些并不喜欢接近陌生人的人。和其他平台不一样的是，脸书认为，人际关系在建立的早期通常是比较舒适的，因此不应该在此时就进行引导和干预。这就是脸书，你和一个你已经认识的人在一起。你们可以聊一些平常的事情，就像你在日常生活中那样，但是你也可以（给你们举个例子，我正在看我最近保存在脸书上的 360° 视频）在阿拉斯加的旋钮湖聊。你和远在三个州之外的妹妹聊天，或者和一位一年没见面的大学时的朋友聊天，而北极光在北方的天空闪烁，银河的尘埃一直延伸到远方。

但事情是这样的，如果你下次回想起那次对话，有人问你最近有没有见到你大学时的朋友，或者你妹妹，你怎么说？当你回答的时候，你会确切地知道你何时何地见过他们。但答案不会是“在 VR

中”，而是“在阿拉斯加，在一个我们俩见过的最星光璀璨的夜晚”。

为此，你应该感谢你的大脑。

模糊的水彩记忆（关于 VR 的）

我们知道存在感可以影响我们的情绪反应，我们也知道它可以影响我们的生理反应。因此，如果说 VR 会影响我们的记忆，或者至少会影响某种特定类型的记忆，那么也是有道理的。

记忆可以分为两大类：内隐记忆和外显记忆。外显记忆是那些你可以用语言表达的记忆，它可以分为两大类。（我保证，我不会再细分了。）外显记忆要么是那些你知道的东西，通常被称为“语义记忆”，要么是那些你经历过的东西，通常被称为“情景记忆”。情景记忆有时也被称为“自传体记忆”，因为它与你自己生活中发生的事件息息相关。（你对他人生活的了解属于语义记忆范畴，因为它是事实的集合，而不是你的实际经历。）

既然 VR 是一种可以体验的技术，我们要担心的就只有情景记忆而已。当你戴上 VR 头戴式显示器时，实际上你是在体验两种截然不同的东西。在单纯的生理层面，你戴着耳机或坐或站，可能会转动你的头和手。但是你所见到的虚拟的一切，你所做的虚拟的事情都会变成真实的情景记忆。

我们在玩所谓的第一人称电子游戏时看到了这一点，在游戏中你可以从自己角色的角度与游戏世界互动。如果你花一小时玩拼字游戏，你会记得你画的棋盘格，你写的单词，某些单词在格子上的位置，以及你成功得分时对手的反应。然而，如果你花一小时玩第一人称射击游戏，你的记忆会非常不同。你会记得蹲在仓库里等着对手冲进来；你会记得当枪声呼啸而过时，你躲进院子里；你会记得从屋顶上跳下来，给下面的人一个惊喜。很明显，这些不是你做的。你实际上做的是按下一个按钮以下蹲，或按下另一个按钮以转向。但是因为这个游戏是以你自身视角操作的，因此无论是蹲下还是躲避，以及随之而来的肾上腺素飙升，都是你的经验记忆。

这正是发生在 VR 中的一部分——你正在以真人真事的角度来享受 VR。视觉和听觉，在某种情况下还有触觉，这些 VR 中的感受往往与你实际在做的事情相匹配。

事实上，VR 的这种能力颠覆了记忆学或记忆研究的一些基本思想。这可以追溯到 21 世纪初，那时候杜克大学的一些研究人员已经产生了“实验室记忆”的想法：他们对一些试图记住照片内容的志愿者进行脑部扫描，如果他们看到的不是他们真正拍摄过的照片，他们的海马区域的活动度就会较低，而海马区主要参与的就是自传体记忆。但参与其中的不是仅有海马体，实验室记忆还显示，控制自我参照处理和视觉 / 空间记忆的区域活动也较低。

2017 年，三位德国心理学家开始挑战这一观点。在他们看来，如果实验室记忆不如自传体记忆那么强烈或纯粹，那么 VR 在实验心理学中的应用可能会受到威胁。临床研究人员已经将 VR 技术用于治疗，但这几个德国心理学家认为，VR 技术有巨大的潜力，能够完美地模拟现实生活中的体验。既然 VR 能够诱发反应并产生记忆，而这些反应和记忆又与现实生活中的记忆难以区分，那么 VR 将可以在更多领域被应用，包括记忆方法。“必须澄清的是，”他们写道，“VR 是否只是昙花一现……或者是幻觉，或者最终大脑能够把 VR 体验当作真正的现实体验，还需要更长时间的观察。”

奇怪的是，实验的第一步是有关措辞方面的：研究人员首先去掉了“情景记忆”和“自传体记忆”这两个术语。他们说，这两者都没有足够统一的定义。一些研究使用了这些术语的同义词，而另一些研究仅仅把情景记忆看作自传体记忆的一个组成部分，在此基础上再加入一些自我反思和其他过程。相反，他们决定使用“基于参与的记忆”（PBM）和“基于观察的记忆”（OBM）。基于参与的记忆比基于观察的记忆更丰富，对某些人来说更有个人意义——从复杂性这个指标来看，研究人员说，大脑检索基于参与的记忆所花的时间要比基于观察的记忆更长。

至于实验本身，它围绕着一段 360° 的视频展开，这是一段在德国西北部进行的摩托车骑行旅程。一半的受试者将手放在面前的桌子上，在一台 55 英寸的电脑显示器上观看一段常规的二维视频。另一半的受试者则坐在钢琴凳上，用 VR 头戴式显示器观看视频，然后把手放在摩托车车把手上。两天后，所有的受试者都观察了同一组图像，每次两秒钟。其中一些是从骑摩托车的视频中拍摄的，另一些是从同一地区的另一场摩托车骑行的视频中拍摄的。对于每张图片，受试者都要按下按钮来表示他们是否认出了这个场景。

到目前为止，如果我们得知 VR 组的“骑行”体验比二维视频组的明显更真实，那么我们应该不会感到惊讶。VR 组在记忆测试中的表现也比对照组好一倍多，但也许最有趣的是，他们识别每张图片只花了半秒钟。换句话说，VR“骑行”组的记忆表现得就像真正骑过摩托车的人。这些是基于参与的记忆，不是基于观察的记忆。“VR代表了一种全新的沉浸感。”研究人员写道，“VR实际上配得上‘现实’这个词——尽管它有种种前景和风险。”

做正在做的事

VR之所以能够创造出深刻的记忆，是因为有时候你在做你“正在做”的事情。你不是简单地当一个旁观者，而是亲身参与虚拟活动。身临其境（除了你的头和手，还有你的身体也进入VR）在很多方面都可以增强记忆。实际上，与单纯使用操纵杆相比，在大型VR环境中行走可以帮助人们更有效地导航，并帮助他们创建更好的空间心理地图。在VR中，如果你使用VR控制汽车，那么与作为一个普通乘客相比，你的所见会多得多。（当你真正开车时就不是这样了——有趣的是，在VR中驾驶需要你集中注意力，以至你对周围环境的记忆会受到影响。）许多人随着年龄的增长，行动能力会减弱，而强调身体存在感的VR技术有望改善老年人的情景记忆。

显然，脸书没有创造某个新空间来改善人们的记忆。但是空间中可用的工具——自拍杆或可以用来画3D物体的记号笔，是用来创造新的记忆的工具。“如果我们给你安排一项活动，你就能开心一阵子。”雷切尔·鲁宾·富兰克林说，“但是，如果我们给你一些开放性的东西，你就会想办法利用它们。”

当富兰克林入职脸书时，这个社交VR小组已经在探索各种各样的活动了：塔防游戏、音乐创作游戏，甚至还可以设计玩偶屋然后钻到里面。但研究小组发现，人们要做的任务越多，他们对活动的专注程度越高，对彼此的关注程度也就越低。该小组为脸书空间制订了一个试金石：工具是否有助于社交互动？比如，它会让你我的关系更牢固、更好、更难忘吗？“如果不是这样，”富兰克林说，“那么它就不属于这里，至少现在不行。”

但社交 VR 小组在脸书空间还创造了一些其他工具。多亏有了手动控制器，你才能真正使用这些工具。当你拿着记号笔时，你实际上是在空中画出帽子的形状。当你把自拍杆伸出去，摆成这样，它就能捕捉到你和你的朋友，还有你身后的熊猫，这和你在现实世界中做的是一样的。你不是被动地和他们打交道，也不是用键盘或操纵杆之类的工具去实现控制——事实上，你只是拿着某样东西，在空间里移动它。你在 VR 中体验到的景象和声音可能有助于你制造记忆，这些活动确实巩固了这些记忆。你在 VR 中做得越多，你的记忆力越强。

此外，自拍杆只是一个录制工具。脸书的长期 VR 计划并不是仅仅分享这张自拍照，而是要把脸书打造成一个实现这种体验的平台。

2017 年年初，脸书发布了一些关于社交 VR 潜力的内部研究。和之前使用自己产品的模式不同，该公司动用了第三方——一家名为“神经元”（Neurons Inc.）的应用神经科学公司，试图量化人们对各种产品和商业项目的反应。例如，智能手机公司爱立信曾委托神经元公司撰写一份报告，研究流媒体延迟载入对用户的影响。当志愿者在智能手机上观看流媒体视频时，该机构测量了志愿者的眼球运动、大脑活动和脉搏，最终发现，当流媒体出现缓冲和滞后时，人们感受到的压力比在商店排队时要大得多，甚至比看恐怖电影时还要严重。

关于研究的一些闲言碎语

人们喜欢研究。这个词听起来很正式，对吧？你可能知道，这个词和“文章”一样正式。几乎任何人都可以写一篇文章，然后找个地方发表。有不同的地方可以发表文章，也有不同的地方可以发表研究结果，这些地方的声誉各不相同，它们对研究的要求也有不同的严格程度。阅读《纽约时报》或《连线》上的报道，你会确信它们的真实性，因为它们都经过事实核查，是真实可信的。对于某些期刊上发表的研究结果，你也大可相信，因为它们的研究方法是无懈可击的：双盲，彻底审查，可复制，以及其他一切方法。但并不是每家媒体公司都像《纽约时报》或《连线》那样——也不是每项研究都无懈可击。

我说这一切都是有原因的，这是因为有大量的研究是私人资助的，它们往往不属于上述范畴。作为一名记者，我需要思考这类问题，面对这种研究我会有点儿紧张：如果这项研究的课题是由某组织或者公司资助的，而它们的商业目的又与研究课题紧密相关，那么你很可能会发现研究的背后藏着利益冲突。但是，许多公司为自己的研究提供资金，而且往往比大学实验室投入的资金多得多。因此，不能因为佳得

> 乐的运动科学实验室做了一项关于耐力运动员体内水合作用的大型研究，就非要说这些发现是无稽之谈。而且，也不能仅仅因为脸书/傲库路思、微软、谷歌或任何一家大公司资助了自己的 VR 研究，就说这些研究不可信。（从更高的科学层面来讲，这些研究扮演什么样的角色是另一个问题，而且这个问题的规模足以写一本书了。）

不过，脸书并不是想衡量技术故障对人们的影响。它想知道人们在 VR 中究竟是如何行事的，同时也想知道人们对 VR 的感受。因此，神经元公司找到了 60 个素未谋面的人，将他们分成 30 组——其中一半人面对面坐下来进行简短的交谈；另一半人虽然接受了相同的任务，但实验要求他们都要戴着 VR 头戴式显示器。（虚拟环境看起来像一辆艺术风格浓郁的火车车厢，两名参与者在真皮座椅上相对而坐。每个人都有一个相当准确的虚拟化身，这个化身本质上是一个高质量的电子游戏角色，与参与者的头发、肤色和身材大致匹配。）

研究人员要求每个人从闲聊开始，然后“讨论更多的私人话题”。所有参与者都佩戴了用于测量的传感器，以测量他们的大脑活动，而且 VR 组里的大多数人以前从未使用过这项技术。

毫不奇怪，大多数 VR 组的受试者对这种体验的反应是积极的：他们以为他们聊了大概 13 分钟，实际上他们聊了 20 分钟。然而，令人惊讶的是，内向的人对 VR 的反应是如此强烈。VR 体验之后，超过 80% 的内向的人——他们之前做过测试来判定性格内向与否——想和他们的聊天对象成为朋友，而外向的人中这一比例不到 60%。

这一结论拓展到更多可量化的领域。神经元公司测量的其中一项指标是“参与”，它是一组脑电图的结果，这一结果往往暗示着受试者具有高唤醒和积极动机。（高唤醒和消极动机可能意味着恐惧，而低唤醒可能意味着厌倦或讨厌。）平均而言，内向者在 VR 体验中表现出的参与度要高于面对面交流。此外，对于 VR 组的人来说，随着时间的推移，他们的“认知努力水平”会降低，这表明对他们来说，聊天变得轻松容易起来，哪怕他们开始讨论私人话题后也一样。

并不是说 VR 对这些人有某种神奇的减压功能。（事实上，正相反，VR 把人们置于社交压力之下，如相亲、求职面试或暴露于恐惧之中，反而可能引发新的焦虑，而 VR 的这种能力使其成为暴露疗法的沃土，甚至有人已经证明它比现实生活中的暴露疗法更有效。）更重要的是，它创造了一种新的亲密关系——一种不需要利害关系就能蓬勃发展的亲密关系。在一段由神经元公司制作的短视频中，两名女性讲述了她们在 VR 火车车厢里以陌生人的身份相遇的经历。“因为其他人不会盯着你看，你更容易放得开。”其中一人说，“你不用费尽心思思考别人是否在评判你。”

别人真的在评判你吗？可能不会。但这种自我意识并不需要那么准确。如果 VR 能够通过某种方式让互动显得不那么真实，从而使互动变得更轻松，进而减轻这种自我意识，那么 VR 对那些可能有社交障碍的人来说反而更好。只要问问另一名参与实验的志愿者就知道了。视频中，这名男子向他的 VR 新朋友讲述了自己的过去。（你现在可能在想：是的，这意味着 VR 可能会导致过度分享。所以明智地选择你的 VR 伙伴吧。）

但是视频里不仅有参与实验的志愿者，也有脸书的一些员工，包括雷切尔·鲁宾·富兰克林，她对脸书的 VR 长期计划发表的评论可能是迄今为止最有说服力的。“看到人们的反应如此之好，意味着我们可以让数十亿人走得更近。”她说，“这对我们来说是一个令人兴奋的未来。换句话说，虽然你现在可能只能和你认识的朋友联系，但这种情况会改变的。”

毕竟，脸书一开始可能只是一个上传真人照片的网站，但 10 年后，它的意义已经远远超出这一点。它是一家媒体公司、一家游戏发行商、一个社区组织者和一个视频会议应用程序。VR 的触手将无所不及，而脸书能确保这一点。

第七章

Rec Room 的机密

VR 友谊的剖析与演变

让本紧张的不是开车这件事。从他位于辛辛那提的家开车到亚拉巴马州的伯明翰只需要 7 个多小时，而他以前开过更长的时间。此外，这位 24 岁的年轻人已经有一段时间没有度假了，所以他很期待旅途中的时光。他的紧张更多地来自旅途另一端等待着他的东西：他的新朋友。

2016 年，本决定买一款 VR 头戴式显示器作为圣诞礼物——一款不错的头戴式显示器。他已经有一台用于游戏的台式电脑了，所以他想让他的家人在那个圣诞假期尝试一些新东西。他不希望每个人都给他一份礼物，而是希望每个人都能出点儿钱帮他购买他想要的 HTC VIVE。因为本自己有 250 美元，所以其他人也不需要花费太多。他的计划实现了，所以到了圣诞节那天，他已经准备好进入元宇宙。

不过，连他自己都不知道他在 VR 中能干点儿什么。所以，像许多 20 多岁的电脑高手一样，他上红迪网寻求帮助。那时候红迪网已经有一个专门讨论 VIVE 的版块，本在那里看到一个关于免费游戏 *Rec Room* 的帖子。当然，他当时不知道的是，他即将遇到 VR 最著名的新世界之一：一个帮助人们克服社交障碍、推动亲密关系并最终激励他不惜驱车 7 小时旅行的世界。

欢迎来到我们的俱乐部

Rec Room 的开发者是西雅图一家名为“反重力”(Against Gravity)的小公司，开发人员称其为“VR 社交俱乐部”，这似乎是一种很好的用来描述一款社交 VR 应用的方式，这种称呼听起来有点儿像健身房。当你启动游戏时，你在自己的宿舍里，一边是阁楼式的床，另一边是梳妆台和镜子。钉在公告板上的几张纸向你展示了你要如何用你手边的控制器抓取或使用物品，或者把自己“传送”到某处。(虽然你可以在休息室里走动，但头戴式显示器的光纤和跟踪系统会限制你。为了能覆盖更大的空间，大多数 VR 体验都默认一套移动系统，在这个系统中，人们使用控制器指定一个点，然后自己就被“传送”到这个点了。早期的解决方案依赖于电子游戏的默认设置，例如，用大拇指按某个方向就代表往这个方向走，但是这种方案容易诱发模拟器病。)

你也可以选择你的衣服，定制你的头像，对着镜子欣赏你的装扮。*Rec Room* 为用户提供每日任务，其中一些任务会帮你解锁新装备，比如时髦的船长帽或《广告狂人》里出现过的时髦的连衣裙。你有很大的选择范围，而且里面包罗万象——如果你愿意，你可以扮成长袜子皮皮，留着辫子和山羊胡，留胡子并不意味着你不能穿迷你裙。当然，这样它就不那么真实了。

离开宿舍后，你会来到客厅，这里是所有在线玩家虚拟化身的聚集地。一个带着英国口音的女声充斥着你的耳朵，愉快地告诉你各种各样可以做的事情："当你准备好开始玩了，跟着……"箭头指向更衣室后面，并通过活动门传送。这些活动包括躲避球和足球等体育项目，以及一些复杂的主题游戏，在这些游戏中，你和其他玩家在一波又一波的杀手机器人或中世纪恶棍的攻击中奋力厮杀。但即使你什么都不玩，更衣室也到处是可以随便逛逛的地方：篮球架，乒乓球桌，带椅子的休息室，等等。

当本第一次走进更衣室时，他打扮得就像唐纳德·特朗普一样，这是他在设计自己的化身时第一个想到的人。满头金发，西装领带，所有的一切。"我有点儿想故意挑逗别人。"他说，"我这么装扮没什么不行的，虽然就那么几天。"尽管他打扮成这样没有交到任何朋友，但他也没有被踢出游戏，这证明他可能也没有那么烦人。

虚拟化身设计

你可能已经注意到了，本书已经很多次提到关于卡通虚拟化身的内容了，但是关于现实化身的内容却很少。首先，让电脑生成的人脸逼真地移动是很困难的，真的很难。即使是拥有数亿美元预算的电子游戏也很难做到这一点。根据你说的话，你的嘴唇和舌头不断地变换位置，你微笑的时候眼角会出现皱纹，你的皮肤会有光线变化，甚至你的头发还有飘动的角度，这些生理特征都给软件开发人员带来极为残酷的技术挑战。即使所有这些东西都完美无缺，恐怖谷仍然存在。

什么？

伟大的名字，对吧？1970年，一位名叫森政弘的日本机器人专家写了一篇文章，其中说道，机器人越是栩栩如生——比如，有一双会眨动的眼睛，或者其金属骨架表面覆盖着逼真的皮肤，人类对它的亲近感就越强。然而，机器人逼真到了令人深感不安的地步。

森写道：

“近年来，由于制造技术的巨大进步，我们无法一眼看出假手和真手。有些模型可以模拟皱纹、静脉、指甲甚至指纹。虽然和真手很像，但假手的颜色是粉红色的，就像刚出浴一样。然而，一旦我们意识到这只手尽管第一眼看上去是真的，但实际上是人造的，我们就会产生一种奇怪的感觉。例如，我们可能会在握手时被它软若无骨的握法，以及它冰冷的质地吓到。当这种情况发生时，我们将对它失去亲近感，这只手会变得不可思议。”

当这种类人的东西从静止变为运动时，恐怖谷效应就会加深。一只假手抓东西的动作比一只假手静止时更可怕，正如一具摇摇晃晃的僵尸比一具尸体更令人害怕一样。对于VR虚拟化身来说，要跨越恐怖谷是极其困难的：如果眼睛不是绝对完美的话，逼真的人脸 3D 渲染效果就会被破坏。因此，大多数创建社交 VR 的软件公司都选择彻底避开恐怖谷效应。

这并不是说当今的虚拟化身不准确或缺乏表现力，即使在 VR 发展早期也是如此。脸书的社交 VR 小组在设计脸书空间中的人物形象时，沿用了一条黄金法则，该法则由两部分组成：你应该对自己的样子感到舒服，你的密友应该一眼就能认出你。为此，脸书空间会参考你真实生活中的照片，并对你的面部特征、头发、肤色和眼镜等配饰进行程式化构建。我在 *Rec Room* 里的化身看起来很像我，而它不过是个光头，留着胡子而已；不过，从好的方面来看，它有几十种选择，它的衣橱比我的脸书头像好多了，后者只能选择穿什么颜色的 T 恤。

但是说到讲话，事情就变得有点儿复杂了。脸书的迈克·布斯说，试图让嘴唇准确地移动“会变得非常不可思议”。相反，脸书空间准备了一系列不同的口型，当你说话时，你的嘴巴会从一个口型快速地切换成另一个。同样，如果你把头转向另一个人，脸书空间会自动转移你虚拟化身的视线，创造出眼神交流的幻觉。（下一代头戴式显示器很有可能会追踪你的瞳孔，这将使你的眼神交流更灵敏、更逼真。）

就 *Rec Room* 而言，它完全消除了角色的特征：虚拟化身是没有鼻子的，他们的眼睛和嘴巴是一样的，尽管表情会跟着你的说话声音发生改变。如果你大笑或大声说话，你的眼睛会闭上，你的嘴看起来像一个大大的、张开的微笑。如果你保持沉默，你的脸上就会有一种愉快的微笑。

但你的声音并不是唯一能改变你的虚拟化身表情的东西。一些社交平台也准备了一些固有表情，可以由你的自然手势触发。在脸书空间，如果你挥拳（当然是用控制器），你的化身就会表现为生气；如果你把双手举到脸上，你的化身的嘴巴就会张开，表达出害怕。它们所传达的情感没有细微差别，但它们比你想象的更有效——毕竟，我们已经习惯了用宽泛的视觉语言进行交流，看看你的手机就知道了。目前的观点认为，人类只有大约 20 种基本的面部表情。正如为“索尼游戏平台”（Sony's Playstation）开发 VR 社交应用程序的埃利·夏皮罗指出的，这些表情与表情符号惊人地相似；我们很容易想象出“恐惧”、“惊喜”或“愤怒厌恶”这种适合发短信的小表情。（对于想要了解图形人来说，就是😞，😄和😠。）表情符号目前看来很适合人们设计虚拟化身时参考，事实上，它们的数量是有限的，而且它们可以被到处使用。

目前为止，社交 VR 一般都遵循这种卡通式美学：嘴巴会随着你的声音变动，眼睛会周期性地眨动和环顾四周，这些功能都非常迷人而又易于实现。最近的一项研究发现，与VR虚拟化身交流时，面带“大大的”微笑的人，不仅比面带“正常”微笑的人更能感受到社交存在感，而且会使用更积极的词汇来描述这次经历。（类似的发现让Altspace显得更加有趣，因为它的虚拟化身显得如此“坚忍不屈”。）

然而，与VR世界的所有其他东西一样，这一切都在飞速变化中。许多公司已经开发出新技术，可以让你的实时面部表情驱动你的VR化身。它们可能还没有完全跨越恐怖谷，但至少已经开始建造桥梁了。

看，*Rec Room* 为其积极的姿态而自豪。我之前提到的那些互动效果——互相击掌时出现一朵五彩纸屑的云，或者是为了邀请某人参加你的比赛而击拳。反重力公司的首席执行官兼联合创始人尼克·法伊特表示，这样的接触才是关键，游戏本身只是调剂。“我不认为我们真的把自己当成了一家游戏公司，”法伊特说，“我们关注的是为各行各业的人士创建一个社区，而游戏只是帮助形成社区的一种很好的方式。”

然而，当你试图创建一个社区时，没有坏人来捣乱也很重要。因为捣蛋即使是以温和的方式，也会吓跑新用户。因此，所有 *Rec Room* 用户的指尖——或者更确切地说，手腕上，都有一套防骚扰工具。如果你在 *Rec Room* 里看你的智能手表，界面中会弹出一个小菜单，让你看到你的哪些朋友在网上，或者给你自己来张自拍，还有很多其他功能。你也可以举报其他游戏者的不轨行为。一旦你举报了，你头戴式显示器里的播放器就会自动静音，他们的头像就会消失不见。房间里的其他玩家会收到一条提示，要求他们投票决定是否把这个坏人从房间里赶走。无论投票结果如何，你的报告都会被 *Rec Room* 系统记录下来；如果一个玩家收到足够多的投诉，那么他可能会被赶出空间。

结合 *Rec Room* 蠢萌、自嘲的审美，它传达的信息很明确：要友善。“如果你看看更广泛的互联网和社交平台，”法伊特说，“这些仍然是需要处理的问题，我们已经进入消费互联网的第 25 个年头。如果你现在不努力，不认真对待，就会反过来助长这些恶习。”

无论是通过反重力公司的努力，还是仅仅通过用户的自我选择，*Rec Room* 的老用户似乎都把这个建议牢记于心了。其中一位是乔恩·路德维希，他和妻子生活在日本。这位 29 岁的玩家是个老玩家，每个周末花四五个小时待在 *Rec Room* 里，这种情况对他来说如同家常便饭。“在现实生活中，我可能会很害羞，但在 *Rec Room* 里，我想做最好的自己。”他通过网络电话（Skype）告诉我，“最好的一点是我开始变得外向一点儿了，也更愿意与人交谈了，我会尽我的努力让他人玩得开心——如果他们是新人，我甚至会夸赞他们。每一次都如此。我甚至不会去想那些不轨行为。”

这种感觉良好的氛围也影响到本。很快，他就不再把自己的虚拟化身打扮成唐纳德·特朗普了，他开始关注每次都在 *Rec Room* 玩的同一群人。

本上一个真正的社交圈是在高中。在大学里，他是通勤生，每天开车 30 ~ 40 分钟去上课。对于一个自称“独行侠”的人来说，社交几乎是不可能的。“如果我要参加一个聚会，”他说，“我必须下课后回家洗个澡，穿好衣服，然后回到校园，我还得看看要不要留下来过夜——这真是一个巨大的烦恼。”所以他基本上不跟别人说话。

然而，在社交 VR 中，做独行侠可不是一个好选择。

我的意思是，从技术上讲，确实如此，在任何一个社交应用程序的大厅里，你都会看到人们自己走来走去，但 *Rec Room* 几乎可以保证你一定会和别人交谈。这就是为什么大多数游戏都以团队为基础，带有合作元素。在反重力公司，法伊特和他的同事将他们的理念称为“结构化的社会”。

最终，本遇到一位叫普丽西拉的年轻女子。普丽西拉在休息室里的行为比本更尴尬，她不怎么说话，经常哭着离开，因为她觉得人们不喜欢她。但当她遇到本的时候，27 岁的她已经足够外向了，所以她向本发出添加好友的申请。

在现实生活中，普丽西拉是一名成功的体育艺术家，她用铅笔为亚拉巴马大学的足球运动员们画出了令人难以置信的细节图。用她自己的话来说，她也是一个“隐士”。她在亚拉巴马州的一个小镇长大，但在过去的 4 年里，她一直在家工作，在那之后就很少出门了。“除了去邮局。”当她描述自己真实的社交生活时她半开玩笑地说，“目前为止，你要问我每天能和几个真人交谈，我的回答是没有。”

但是现在，普丽西拉和本已经是 *Rec Room* 里的朋友了，他们可以从网上邀请对方一起玩某个特定的游戏。不久之后，他们的关系有了进展，几乎每周都要出去玩 5 个晚上，当然其中还有其他人。总而言之，2 ~ 15 个人几乎每天都聚集在一起。在家里，他们可能会喝一杯，而在 VR 里，他们会玩彩弹，参与某个合作任务，然后在一个私人休息室里再次聚首，玩一些酒后的 3D 猜谜游戏，展示各自有趣的灵魂。

随着时间的推移，这个团体的亲密关系已经超出 VR 的界限。玩家们聚集在各种各样的在线空间，从红迪网一个专门关于 *Rec Room* 的分论坛，到聊天平台上一个专门空间；在照片墙应用程序中，他们中的许多人使用 *Rec Room* 的账户互相关注，其中一些账户从来没有展示过虚拟头像背后的人物。“很多 VR 玩家都有类似的社交障碍。”普丽西拉说，“我想这就是为什么我们相处得这么好——也是为什么它比其他任何东西都特别的原因。”

本同意这种说法。“每一个拥有 VR 的人——至少是那些在这类游戏中花费大量时间的人——都试图从虚拟世界中找到一些东西。”他表示，“我也是这样，很高兴我们有这样一个媒介，我们可以进入其中，建立这样亲密的关系。”

普丽西拉和本的关系更进了一步，他们开始互发短信。然后他们想到一个主意。普丽西拉一直想让 *Rec Room* 的人到亚拉巴马州看她，本很乐意开车去。他说：“我想，嘿，这么多年来，我居然可以为一个朋友做这些。”

所以他做了。

当虚拟化身遇见虚拟化身

将线上建立的关系在线下也展开并不是什么新鲜事。2005 年至 2013 年，一项大型研究发现，超过 1/3 的婚姻是从网络发展来的。然而，由于社交的存在，VR 代表了一种全新的变化。没有任何其他的通信媒介（短信、电子邮件、聊天室、即时通信、社交媒体，甚至视频通话）能以如此具体的方式把两个人放在同一个空间里。以 *Rec Room* 为例，你可以了解某人的言谈举止和他的怪癖，并和他成为真正的朋友——即使你看到的只是一个没有鼻子的化身。

当本敲开普丽西拉的门时，他看到了她的鼻子，她也看到了他的鼻子：他们交换过照片，为了这个本第一次拍了一张自拍照。“你发给我的那张照片根本不管用。”她现在对他说，笑他那张尴尬的照片。这是本去伯明翰旅行的倒数第二个晚上，我们正在通过 Skype 视频通话。

当我和他们一起待在娱乐室时——通常在游戏里我都是被彩蛋攻击的那一个，我只认识他们的虚拟化身：普丽西拉留着黑头发，戴着警察帽，本（或者闪电战，他在 *Rec Room* 里的用户名）穿了一件过时的警长服，留着金色的大胡子……还有一件红色斗篷和一顶礼帽，为什么不呢？然而，他们本人都是 20 多岁的普通人。普丽西拉长得很漂亮，一双表情丰富的大眼睛和她的头发很相配。本又高又壮，一头金色卷发，举止温和。

以大多数传统标准来看，与 VR 相比，和有血有肉的人类交谈感觉更“真实”——但令我惊讶的是，这种交谈并不是很真实。这很大程度上归结于 Skype 和苹果在线聊天（FaceTime）等视频通话软件所特有的那种奇怪的疏离感。你不用再盯着手机或笔记本电脑的摄像头看，而是盯着和你说话的人看，他们也在盯着你看——这样做的最终结果是，每个人的目光都被稍稍转移了。在 VR 中，我们虚拟化身的眼睛就是摄像头，当你和别人说话时，你会看着他们的脸，这不仅意味着你把注意力放在他们身上，也意味着他们把注意力放在你身上。

尽管每个人的个人习惯依然存在，但是我们的视频通话中还是弥漫着一种疏离感。本在说话的时候，还是会像个优雅的选美比赛选手一样，把我的问题重新表述一遍。而普丽西拉则喜欢时不时地停顿一下，整理一下她的思绪。“我的意思是”仍然是她最喜欢的短语——但现实世界的对话让人感觉这好像是一次采访，而不仅仅是有机的对话。当我们在 VR 中闲逛时，他们之间的轻松和亲密是显而易见的。有一次，在 *Rec Room* 里，当本和我谈论他的工作时，普丽西拉抓起一支马克笔和一些黄色便利贴，画了一件比基尼上装和乳沟，贴在本的胸前。这很有趣，但最令我惊讶的是，他们俩在一起时显得那么自在。但是，现在他们坐在两把椅子上，几乎没有身体上的互动，所以并没有表现出那种亲密感。

当然，部分原因可能归结于（他们愿意——或者不愿意）他们正在释放自我。当我第一次听说本要去拜访普丽西拉时，我以为他此行别有用心，尽管他的动机很明显。在我们的 VR 对话中，他很小心地避免非柏拉图式的引用，那只会欲盖弥彰。（在某种程度上，当我们不确定别人的感受时，我们会选择合理的否认来保护自己。）现在，我们在 Skype 上的对话已经避开了任何有关浪漫的话题。

当他第一次到普丽西拉家时，本告诉我，他们互相拥抱，她带他四处转了转，然后他们看了一部喜剧电影，然后他们在沙发上睡着了。（普丽西拉想看《恋恋笔记本》，但她没有片源。）他们去了布法罗野生动物园，本还说服了普丽西拉去远足。他们两个人都没有提到……但现实世界出卖了他们：他们都比他们虚拟化身的脸还红。他们显然不会告诉我任何事情，所以我问他们是否谈论过恋爱的可能性。

“我的意思是，那样会很好，”本笑着说，“但是我对这次旅行没抱任何期望。我只是在度假，和一个非常好的朋友出去玩。”

所以……事情朝那个方向发展了吗？

本看着普丽西拉：“你说呢？”

“我们能晚点儿告诉你吗？”普丽西拉说。Skype 通话一结束，她就给我发了一大堆短信：

> 你问的关于爱情的问题，
>
> 后来本告诉我，他在来之前已经喜欢我有一阵子了。
>
> 我那会儿正在试图从对另一个人的迷恋中走出来，所以直到他来到这里，我才真正地回应了他的这种感觉。
>
> 长话短说，我们接吻了。

这个故事很甜蜜，很纯洁，就像现实生活一样。但它也是暂时的，就像许多现实生活中的关系一样：在保持了一段时间的异地恋之后，两人决定还是做朋友比较好。

这就是我们*Rec Room*上朋友们的结局。事实上，当我完成本书的第一稿时，一切都结束了。但事实证明，一些更重要的东西正在酝酿之中。(现在所有人都在一起：切换到我，绝望地趴在笔记本电脑前。)

普丽西拉所谓的“迷恋”对象是谁？他也是一个*Rec Room*用户——一个叫马克的人。马克在过去十几年里一直是个体经营者，经营着一系列基于搜索的网站。他母亲最近退休了，他帮她搬到了西雅图市郊的一个小镇上。这个城市对老年人来说很好，但对30多岁的人来说就不那么好了——尤其是那些30多岁的、在家工作的人。“拿*Rec Room*来说吧，这几乎是我唯一的发泄方式。”他在我们第一次VR见面时告诉我，“除非我想开两个半小时的车去西雅图，去一家俱乐部，然后再开两个半小时的车回来。”此外，这也是一种锻炼，每天在VR彩弹游戏中蹦蹦跳跳两三个小时，比用划船机锻炼强多了。马克和普丽西拉、本属于同一个朋友圈。在周末晚上，他们会一起出去玩，喝酒、玩游戏，讲一些关于他们自己的囧事。“你好像年轻了10岁。”马克开玩笑地说。他很随和，但是也很庄重，这样他就不会显得那么愚蠢，这是一个很吸引人的组合。普丽西拉对马克产生了感情，但后来她和本的友谊开花结果。

几个月后——本的传奇故事已经过去很久了，我收到了普丽西拉的短信，是一系列的文本。

嘿！

我和 *Rec Room* 的人结婚了，

但是不是本。

如果你还没猜到的话，那个人就是马克。离开 *Rec Room* 一段时间后，他又回来了，在接下来的几个星期里，他和普丽西拉的谈话和之前相比变了些味道。他们在对方身上认出了自己，他们互相信任。最后，他们再也等不下去了，决定见面，于是马克飞往亚拉巴马州。以防万一，他带来一枚订婚戒指。那是星期二；星期四，他们订婚了；星期五，他们在伯明翰郊外一座高山的凉亭里举行了婚礼。他们把结婚的消息告诉了 *Rec Room* 的朋友，接下来的一周，马克回到华盛顿，他们在 VR 中举行了一个后续仪式（和饮酒招待）。

Rec Room 婚礼，正如你能想象的，都是由卡通人物组成的。该平台最近推出了一款“创客笔”（maker pen），可以让用户创建 3D 物体，它已经得到广泛的应用：一束虚拟的鲜花，一个粉红色的三层虚拟蛋糕。普丽西拉身着一件淡黄色裹身裙，戴着一个紫色雏菊花环；马克身穿一套深色西装，头戴一顶礼帽，外套下面露出红色袖口；伴娘身着蓝色礼服，伴郎身着燕尾服。黄昏时分，他们都聚集在露台上。后来，他们开始跳舞——每个人都戴着自己的头戴式显示器站在电脑前，彼此相隔 2 600 英里。

本也在那里。毕竟，如果你和另一个人在一起的时间很长，你们的友谊又很深厚，你就会去参加他 / 她的婚礼。而且，你又不用花钱买机票。

这并不是人们第一次因为 VR 而开始一段感情，这甚至不是人们第一次在 VR 中结婚。（第一次是 1994 年，一对旧金山夫妇在新娘工作的 VR 游戏厅 Cybermind 举办了婚礼。）Altspace 2017 年也举办了一场 VR 婚礼。但这两个例子中，这两对新人都是在现实生活中认识的。他们之所以在 VR 里结婚，是因为它是一种全新的东西。普丽西拉和马克呢？他们可能是第一对在 VR 中相遇后结婚的人。

但这不会是最后一次。只要我们的手和头还在那里，我们的心就会与他人相接，这是前所未有的。

第八章

伸手触摸

触觉，触觉的存在，
以及让 VR 实体化

如果你想追寻 VR 娱乐的前沿，那么在你的想法里，它应该藏在洛杉矶或纽约的某个地方，那里为数众多的公司正努力开拓新的叙事方式。你应该到旧金山湾区去看看，那里许多市值数十亿美元的公司正在投入数百万美元对 VR 展开研究。所以，你肯定想不到，在“盐湖城以南大约半小时车程”的地方，也有这样一家公司。这就是我所在的地方，确切地说，在犹他州林登，在一块煎饼形状的宽阔地带上——这片平坦的高原正好夹在犹他州湖和沃萨奇岭之间。

与许多其他高科技重镇相似的是，从盐湖城到普罗沃 15 号州际公路延伸的整个地区，被称为“硅斜坡”。Ancestry.com（大型族谱网站）和 Overstock（美国区块链电商）的总部都在附近。DigiCert（授权服务商）也在这儿，简而言之，它帮助网页浏览器进行安全验证。事实上，见 DigiCert 的创始人正是我此行的目的。

肯·布雷特施奈德在安大略的一个渔村长大，那里的人对待假期都很认真，万圣节是他最喜欢的节日。当肯还是孩子的时候，他朋友的父亲把他们的车库变成一个恐怖的迷宫。2008 年，已经成年的布雷特施奈德把他自己在犹他州的家变成了鬼屋——之后每年他都这么做，最终鬼屋的占地面积扩大到半英亩[①]，足以容纳上万人。后来他决定将这个季节性的想法转变为全年的冒险，并在2014年公布了他的计划：Evermore Park（沉浸式主题公园），按照他的说法，该公园将成为维多利亚时代的“探险公园”，公园将沉浸感置于刺激感之上。员工会与游客互动，公园也会根据万圣节和圣诞节等节日进行调整。想象一下把迪士尼乐园和殖民时期的威廉斯堡结合起来是什么样子吧。（事实上，将它说成是迪士尼乐园和布鲁克林威廉斯堡的混合体——至少从留着胡子的角度来说，这么比喻更适合。）

但与此同时，该公园正在制订计划，另一个想法已经成形。为了帮助该公园成为现实，布雷特施奈德同时聘请了两个人，一个是专业魔术师兼幻术师柯蒂斯·希克曼，另一个是多媒体设计师詹姆斯·詹森。詹森计划在公园开园的同时创建一个数字版本的公园。看到数字渲染的公园时，他们想到了VR——詹森提出一个想法，这个想法自20世纪初以来他就一直想要实现。他一直在忙着改编电影《小红帽》，拍摄这部作品极度依赖电脑合成的背景，同时需要在摄影机上安装位置追踪器，这样一来，导演就能看到演员在电脑合成的世界中的站位。为什么我们不尝试在真实的物理空间绘制一个虚拟的现实世界呢？詹森问布雷特施奈德和希克曼。

这个主意后来变成了“虚无世界”（VOID）。

① 1英亩≈4 046.86平方米。——编者注

进入“虚无世界”

“虚无世界”（说得高大上一点儿，代表着无限维度的视觉）是詹森梦想的实现。这是“基于位置”的 VR 浪潮中的一员，这些设备正在将现实与体育活动结合起来，它是半全息场景、半激光枪战的游戏。这种体验的关键在于创作出一个 VR 视频游戏，再创建一个大型的摄影棚来实现它。你在游戏中看到的任何功能在现实世界中都是真实存在的，所以如果你在 VR 中看到一堵墙，你伸出手去触摸那堵墙，你的血肉之手就会真的触摸到那堵墙。摄影棚周围环绕着大量的追踪器，这样你就可以漫游到很远的地方，这些地方比你在家中的 VR 场景要远得多。在头戴式显示器里看到椅子了吗？走过去坐下吧——就像真实生活中那样，弯曲你的膝盖，放下你的屁股，你会发现一把椅子支撑住了你的身体，它和你看到的椅子一样大。

在我参观的时候，有两项冒险活动正在进行：一场是印第安纳·琼斯式的丛林冒险，名为“蛇眼的诅咒”；另一场是在《捉鬼敢死队》的背景世界中进行的，由该片导演伊万·雷特曼亲自操刀。两者都可以同时容纳 4 个玩家，但是我会在单一玩家的情况下逐一介绍它们。

不过，在那之前，我需要合适的装备。这就是为什么我站在“虚无世界”的准备区，用我最喜欢的电影术语打比方就是：这是任何动作片影迷都熟悉的“化妆”蒙太奇。首先，我对着一件厚重的背心耸了耸肩。它的正面有一块很大的塑料补丁，能发出隆隆声和嗡嗡声，给我以感官上的反馈，我的背上背着一个结实的笔记本电脑，连着电池以及一些感受器。头戴式显示器和笔记本电脑相连，这身装备让我成了一个独立的 VR 单元，可以在摄影棚里自由行动。

接下来是头戴式显示器，它基本上是傲库路思·裂缝的升级版。它有一个巨大的头罩，像一个科幻头戴式显示器那样盖住我的脸。遮阳板旁边围绕着一些小银球，无论我在舞台上做出多么疯狂的扭曲动作，它们都可以保证头顶上的追踪系统能够准确地追踪我。也许最值得注意的是，一个小的体感控制器模块连接到前面的遮阳板，让我的手不需要通过控制器就能进入 VR。当我戴着头戴式显示器时，我把手放在身前——我能在 VR 里看到一只手，手指像我的手一样在扭动。

我现在了解得够多了。我面前有一扇门，上面有一个手的符号。我推开门走进去，胸部和背部的反馈模块嗡嗡作响，我发现自己正走在玛雅神庙废墟中的一条石头走廊上。当我说我在走的时候，我并不是说走几步——我的意思是我真的在走，就像我真的在一个 30 英尺见方的舞台上行走一样。这是因为一种叫"重定向行走"的技术，它利用了人类实际上有点儿惊人的导航能力。

问题是，你不擅长走直线。是的，你，还有我，还有其他人。通常，当人们看不见自己要去哪里时，他们就会偏离轨道。这就是为什么当我们在夜间或开阔水域前行时，我们会把星星作为向导。重定向行走技术利用了人类这种模糊的方向感，你的头戴式显示器中显示的路径与你实际行走的路径略有不同。你的前庭系统比你的视觉更挑剔，只要你的眼睛告诉你，你的移动方向和内耳感觉的方向大致一样，那就万事大吉了。所以在你的头戴式显示器里，你可能认为你看到的是一条笔直的走廊，但实际上你是在走一条曲线——VR 体验可以让你在不知不觉中旋转超过你想象的 49% 以上。在“虚无世界”中，重定向行走让你得以在“蛇眼的诅咒”那样宏大的冒险中尽情漫步。而在现实中，你只是在一个小得惊人的摄影棚里，沿着一条迂回而紧凑的道路前行。

不过，我的冒险之旅不仅仅是散步。这里还有“4D 效果”，就像这个主题公园宣称的那样：雾气和风扇产生的风吹过我的脸，用以模拟丛林环境，地板上的马达能让我感觉神殿正在坍塌。在 VR 中，有些物体与它们真实的形象并不相符：有一个东西看起来像一个喷漆棒，上面有一些追踪球，在 VR 里摇身一变成了可以拿起来点燃火盆的火炬。同样，那个火盆只是炉栅后面的一个辐射加热器，但是在 VR 中我可以用手感觉到它的温度。当我把点燃的火炬举到一扇门的密封处，门爆炸了，我能感觉到我的胸部受到震荡的冲击，我只好伸出手来让自己稳稳地靠在墙上。这种身临其境的触摸感在家庭环境中是不可能的，这就是基于位置的 VR 的全部意义。它可以在更大的规模中被呈现出来。

在“虚无世界”中，我并不孤单，这一事实也强化了存在感。在“蛇眼的诅咒”中，我可以把火炬交给我的同伴，因为她也从她的 VR 头戴式显示器里看到了火炬，所以这个传递的过程非常完美。当然，在普通的 VR 中，我也可以将一个“物体”交给另一个“人”，但这个过程的任何一部分都是虚拟的。当我拿住这个物体时，实际上是我的手按住了控制器的触发键；而当我松开触发键把“物体”放下时，控制器仍然在我手中。另一个人可能是某地方的另一个人，但在 VR 中，她只是一个虚拟化身——我们的手指不能像在“虚无世界”中那样真实接触。

这只是一次探索性的冒险。《捉鬼敢死队》的经历在这个模式上更上一层楼。除了背心和头戴式显示器，我和我的同伴还背着大步枪；在 VR 中，那些背包和步枪变成质子背包和爆破器，因为我们是捉鬼敢死队队员。

让我重复一遍：我们是捉鬼敢死队队员。

听着，那部电影上映的时候我 10 岁，从那以后的 30 多年里，我已经看了几十遍了。我在工作中不止一次开过《捉鬼敢死队》里的玩笑。我真的相信它是有史以来最伟大的喜剧之一——不，是电影。所以我的评价可能不是最客观的。但是我的 VR 经历数不胜数，从游戏到娱乐到社会到精神到性（别着急，我们会谈到的），我在这里告诉你，站在摇摇晃晃的大楼金属台上，任凭链子做的栏杆在我的腿间晃荡，在穿越溪流时朝同伴大喊大叫，这样才能解救困在棉花糖里的人，这些很可能是我经历过的最有趣的事情了。

但是为什么呢？你怎么称呼这种存在感？为了回答这个问题，我们需要从一个虚拟的玛雅神庙转移到另一种不同的神庙（天普大学）。

共现

2003 年，天普大学的社会学家赵山阳发表了一篇名为《走向共现的分类学》的论文。“这篇论文很精巧，也很长，而且并不完全是关于 VR 的，但它的主要目的是建立一个系统，用以解释两个人在一起的各种方式。”（或者，用他的话说，“即人类个体之间面对面、身体与身体之间进行互动的各种情况”。）他说，这一点尤其重要，因为它解释了互联网是如何扩展人们“在一起”的含义的。

赵提出两个不同的标准。第一个标准是，两个人是否真的在同一个地方——他们或他们的化身在身体上是否足够近，是否能够在没有任何其他工具辅助的情况下进行沟通。他说，两个人要么有“物理上的接近”，要么有“电子上的接近”，后者一般指某种网络连接。第二个标准是每个人是否真的存在，换句话说，这是他们真实的血肉之躯吗？第二种情况可能有三种结果：两个人都是真人；两个人都不是真人，而是采用了某种形式实现存在感——就像虚拟化身或机器人一样；两个中的一个是真人，另一个不是。

赵认为，这两个标准的不同组合结果产生了6种不同类型的共现。“实体上的共现”是一种普通的、面对面的身体接触，比如两个人在咖啡馆里。如果这些真人一起联网，能够面对面交流，就像Skype一样，这就是“有形的远程体验”。而实体的对立面就是虚拟，“虚拟共现”是指一个真人与另一个人的虚拟化身进行身体上的互动。如果你没听懂，一个很好的例子就是使用ATM（自动取款机），实际上ATM就是银行出纳员的化身。ATM这种存在意味着当你插入银行卡，按下按键后，它会给你吐出钱来。而“虚拟电子共现”则不一样，比如车载导航系统也是一种交互，它之所以被称为“电子共现”，是因为导航系统是通过网络服务器对你进行回应的 。

明白了吗？别担心，这又不是测验。不过，这确实有点儿难。看，还有“超虚拟共现”，它的意思是，两种非人类设备，在同一个物理空间以类人的方式进行交互。这的确不常见，但赵举了机器人踢足球的例子。最后是“超虚拟远距体验”，在这种体验中，两个非人类身处其中，通过网络进行交互，就像两个机器人通过互联网进行通信一样。

这就是共现，但是好像少了点儿什么。是的，少了社交 VR。它显然是一种共现，但并不完全符合上述那些类别。赵将这种混合称为“合成环境”，并声称这是一种有形的远程共现（比如 Skype）和虚拟的远程共现（比如车载导航）的结合——“人类个体通过在虚拟环境中的化身进行远程实时交互”。

明白了吧！这听起来包含了我们之前讨论过的所有社交 VR 形式。每一种形式，除了“虚无世界”。当然，它也是一个“合成环境”，但它又是从物质环境中获得线索的，反之亦然。它包含了实体上的接近和电子上的接近，把它们混合在一起，就能创造出一种全新的沉浸感。

事实上，它太新了，还没有一个确切的名字。目前，就让我们称它为触觉存在吧。

触觉灵巧术

在人类的 5 种感官中，VR 头戴式显示器目前只能刺激 2 种：视觉和听觉。还剩下 3 种——虽然嗅觉和味觉有一天可能会出现，但现在让我们用一个稍微令人毛骨悚然的小花招先把它们收一下吧。（不过，这并不意味着人们没有同时在这两方面努力。一些研究人员展示了一种“嗅觉显示器”，它由微型泵和声学设备组成，还有一些研究人员研究了如何通过电刺激舌头来产生味觉。毫不意外，这两个项目都是日本开发的。）对 VR 来说，现在和未来几十年的核心仍然是触觉。我们通过触摸安慰彼此，我们也通过触摸取悦彼此。几乎触手可及也是一个因素，因为我们所有人散发的热量都会引发触觉。还记得那个 VR 接球游戏吗？游戏中被排挤的人在现实生活中表现得更加反社会。嗯，缓慢的“带有情感”的触摸可以缓解 VR 游戏带来的排斥感。

然而，在“存在感”这个谜题中，跨越距离实现触摸可能是最困难的一点。想象一下你戴上 VR 头戴式显示器，然后伸出手去触摸某个物体表面的感觉吧。“虚无世界”的神奇之处在于，它为你的手提供了一个可以触摸的坚实表面——但如果你在家呢？如果你伸手去触摸的不是一堵墙，而是另一个人呢？更困难的是，如果那个人也想伸出手来触摸你的手呢？我们如何才能达到这样的境界，使这不仅成为可能，而且成为现实？

说实话，我不知道。但考虑到我们现在所能做的，以及我们是如何走到这一步的，以及人们正在尝试的东西，我们至少对未来之路有了一些了解。让我们从“触觉学”一词开始。这个词的意思只是“与触觉有关”，但它已经成为世界上一个日益重要的领域，被称为“人机交互”，现在它经常被用来指一些新技术，人们试图利用这些技术寻求重新创造触觉的可能。

早在 1932 年，人们就产生了利用触觉反馈去创造触觉存在感的想法。那时，奥尔德斯·赫胥黎以未来为背景的小说《美丽新世界》设想出“感官电影”这种东西——它让看电影的观众身体上产生的感觉与银幕上发生的故事相匹配。在赫胥黎看来，这只是对几年前从无声电影演变而来的“有声电影”的一种讽刺延伸，但书中令人难忘（而且，好吧，我就直说了）的场景可不仅仅是为了讽刺。

> 房子里的灯灭了……“抓住你椅子扶手上的金属把手。”列宁娜低声说，“否则你就不会有任何感觉了。”
>
> 野蛮人按吩咐做了。
>
> 与此同时，那些火红的字母也不见了；有10秒钟的完全黑暗；突然，眼前出现了立体的影像，看起来比实际的肉身更加耀眼，更加真实。你会看到一个高大的黑人和一个金发碧眼的短头发的比塔加女人紧紧地抱在一起。
>
> 野蛮人开始了。他嘴唇上的那种感觉！他把一只手举到嘴边，那种痒痒的感觉就消失了；等他把手放回到金属把手上，那感觉又回来了。与此同时，他的鼻子里能闻到纯净的麝香。耳边传来鸽子的喘息声，咕咕叫着“哦——哦”；一秒钟只振动32次，一个比非洲低音更低的声音回答说：“啊——哈。”“哦——啊！哦——啊！”立体的嘴唇又合到了一起，再来一次。在阿尔罕布拉宫，6 000名观众面露春色，被几乎无法忍受的兴奋刺激着，“哦……”

从伍迪·艾伦1973年的搞笑电影《沉睡者》中的高潮体验，到《越空狂龙》中的电极连接VR，这种由触觉引发的愉悦感在科幻小说和电影中一再出现。（我知道我之前提到过，但这太奇怪了。）然而，考虑到那会儿大家还没有普遍使用个人电脑，唯一真正让公众了解的触觉反馈系统来自“魔法手指”，它可以让你在汽车旅馆里享受25分钟的“床震”。撇开新奇不谈，触觉的交互作用在很大程度上仅局限于机械设备，例如20世纪40年代的那些可以让工人远程处理危险材料的设备。

20世纪60年代，实验室的研究方向从模拟信号转为数字信号。1971年，一名研究人员发表了一篇博士论文，详细描述了一项惊人的突破。“一台电脑帮助个人感知某种只存在于电脑记忆中的物体，这似乎是一个很超前的想法。”A. 迈克尔・诺尔写道，但他已经设计出一种机器，可以实现这一点。

他的发明看起来像一个金属立方体，里面是一排被安装在天花板上的射灯和马达。它的顶部是一个类似操纵杆的装置，可以在三个维度上移动。根据它从电脑上收到的指令的难度，射灯和马达可能会增加操纵杆的操纵难度。如果使用者长时间移动操纵杆，并且注意到它的停留位置，他们就能推断出自己是沿着一个看不见的立方体或球体的内部移动设备。

诺尔将其描述为“就像盲人手里拿着铅笔探索各种三维形状和物体一样”。这是第一次这样的事情成为可能，诺尔似乎感觉到，即使是如此“遥远”的东西也有广泛的应用。他想象出一个纽约人“摸”到东京一家制造商生产的布料的场景。“在某种意义上，‘瞬间移动’更接近现实。”他写道。

现在诺尔已经发明了一种让人感受到虚拟物体的方法，他因此计划制造一种3D头戴式显示器，用以显示电脑的形状——它本质上其实是第一个 VR 头戴式显示器。然而，他接受做理查德 · 尼克松总统办公室的科学顾问，之后再也没有从事这项研究了。

40 多年后，面对没有他参与其中的 VR 的发展，诺尔似乎感到有点儿失望。“令人困惑的是，自 20 世纪 70 年代初以来，随着科技的进步，如今所谓的 VR 和触觉似乎并没有超出我们当时的期望。”他在 2016 年写道，“因此，我向今天的社会发出挑战，希望它能创造出几十年前就设想出的东西。否则，今天的 VR 就只是一种幻想。”

诺尔的工作是开创性的。但是世界上其他地方的人们是如何第一次意识到触觉同步反馈的呢？当然是从电子游戏中了。1976 年，那会儿还是街机游戏时代，世嘉公司发布了一款叫作《摩托车越野赛》的游戏（后来改名为《丰斯》，为了蹭《欢乐时光》中的角色的热度），玩家通过安装在游戏中的一组车把来控制他们骑摩托车的小角色。如果摩托车与其他摩托车相撞，这些车把会在玩家的手中振动，让他们感受到“碰撞”。

这项技术很简单，本质上是一个“魔法手指”非常本地化的版本，但它在电子游戏中开辟了一个被称为“作用力反馈”的新世界。触觉功能先是扩展到驾驶游戏，然后扩展到其他街机游戏——与此同时，还扩展到传呼机和手机，直到 1997 年，它们进入家庭。任天堂开始销售震动包（Rumble Pak），它是一种小模块，被安装在任天堂游戏手柄的底部，并且可以和《星际火狐》或者《007 之黄金眼》等经典游戏配套使用。当玩家驾驶他们的船撞向其他人或开枪时，小模块会适当地震动。此后，几乎所有的视频游戏机的控制手柄都内置了作用力反馈模块。

当 VR 回归时，触觉变得更加重要。振动方向盘带来的额外沉浸感，或者射击游戏中的反冲感，与手的存在相比黯然失色。在 VR 中看着你的“手”，你手中的控制器就会消失。你的大脑有效地瓦解了躯体和技术之间的界限，因此触觉反馈不再是感觉你的手柄，而是拥有这种感觉本身。

不过，像傲库路思 Touch（动作捕捉手柄）这样的设备所支持的手的存在，只是迈向触觉存在（真正身临其境的触摸感）的第一步。与之前的传统电子游戏手柄一样，如今的 VR 手柄使用了内置的微型马达。这些马达及其振动可以根据不同强度和时间进行排列组合，以呈现不同的效果——嗡嗡声、轻拍声、敲击声、砰砰声，但除此之外几乎没有什么其他功能。没有形状，没有重量，没有质地。这就是虚无世界以及其他类似的 VR 设备的魔力所在：它们通过真实世界的物体来诱导触觉的存在。但为了让触觉存在感走出虚无世界，进入元宇宙，为了实现诺尔希望的从一个遥远的大陆“摸”到布料的愿景，我们需要做到体验那些物品独特的属性。尽管目前还没有哪种方法能够彻底实现它，但是有一些解决方案为我们提供了一些线索。

触觉—反馈配件的设置前提是作用力反馈——它使用震动来传达冲击感和接触感，并将反馈分布到你的手上及身体的各个部位。虚无世界里的背心就是这样一个例子，背心上布满了与爆炸同步的振动补丁。然而，这仅仅是个开始。乐天世界是韩国首尔一处颇受欢迎的室内景点，它提供一种 VR 体验，让每位用户穿上价值500美元的装备，里面有 87 个不同的反馈点，这足以让你感觉似乎真的有僵尸在用爪子扒你的后背。

自任天堂**掌上手套**问世以来，手套一直是公众对 VR 着迷的部分原因。任天堂掌上手套是一款 20 世纪 80 年代末昙花一现的电子游戏外接设备，使用掌上手套人们就可以用手势控制游戏了。（虽然任天堂掌上手套不是为 VR 开发的，但它是数据手套发明者的灵感源泉。）现在，你知道了，尽管马克·扎克伯格在第三章中使用了蜘蛛侠的手势，但是手套并不是必需的输入设备；多亏了厉动（Leap Motion）这类面朝外布局的传感器，我们可以追踪手指的活动，我们能够在 VR 里真正使用自己的手。然而，手套在输出方面确实有一个明显优势：因为它们完全覆盖了你的双手，它们能够提供更细致的触觉反馈。这意味着，如果你在使用虚拟键盘，当你"按"一个键时，你能感觉到对应手指上的轻微敲击或嗡嗡声——这增强了你的感觉，也能提高你的速度和准确度。

全身紧身衣是触觉反馈的终极形态。就像手套一样，它们在科幻作品中存在了几十年，但是它主要是以输入设备的方式呈现的。（我再强调一下，我要告诉你的是《割草者》，里面提到的紧身衣允许人们在 VR 中自由移动。）然而，和手套一样，对于存在感，尤其是对于亲密感来说，紧身衣的输出潜力要有趣得多。一家名为 HaptX 的触觉公司为其所谓的"全身人机交互"申请了专利，它基本上是 VR 爱好者的终极梦想。想象一下有这样一件紧身衣，它的内部布满微小的传感器，可以传递温度和压力的变化。现在再想象一下，你穿上这套衣服，爬进一个外骨骼系统，它让你可以飘浮在空中并自由地移动，同时提供实际的作用力反馈——比如，让你的肢体移动起来或多或少有点儿困难。它不仅仅是"隆隆声"，它几乎是破天荒的。

或者，如果它真的成功了，就太好了。HaptX 是否已接近市场化了？差不多吧。该公司已宣布，2018 年推出一款手套，甚至已经在 2017 年将其带到了圣丹斯。（在这之前，HaptX 已经展示过它的技术，主要是一个小盒子，你可以把手伸进去。）在之前的演示中，一只小鹿从你的手上走过，你可以感觉到它的腿在你的手掌上打滑。当一个虚拟雪球放在你的手上时，演示程序会让你的手发冷；当一条虚拟龙向你的方向喷火时，演示程序会让你的手变暖。也许明天、明年甚至很久以后我们都不会真正开始探讨“全身人机交互”，但作为一种概念机，它还不差。

这些都是可穿戴设备，当然也有很多其他的选择，最终可能也只是帮助你的身体感受到你的大脑接收到的一切——比如，使用超声波或者低频声波模拟物体的触感，让它们和你的手的感觉一致。我知道这听起来很奇怪，但确实有效。不久之前，我戴着头戴式显示器，手悬在一个正方形的小电路板上。这块电路板上排列着密集有序的黑色小圆圈，每个圆圈都是一个“超声换能器”——它本质上是一个能够喷出阵阵声压的微型扬声器。

在头戴式显示器里，我看到一个立方体和一个球，当我伸出手推它们时，我能感觉到它们。它们没有重量，也不是很结实——如果我试图把它们捧在手里，它们就会消失，因为超声波无法穿透我的手，但我能感觉到它们的存在，甚至能分辨出立方体的边缘和球的弧度。

VR 甚至可能不是我们第一次在生活中看到（嗯，感觉到）超声波的地方。上述的 VR 体验是由一家叫作超触觉（Ultrahaptics）的公司制作的，它已经向多家汽车公司销售了开发工具包，其中一些公司无疑正在尝试制作未来的隐形表盘和旋钮。但即使 VR 排在超声波应用的第二位或第三位，它的应用也可能不仅仅是握住物体那么简单。事实上，由于它的无形性，它可能是最适合模拟人类触摸效果的触觉技术了。

我不是在说废话，一个跨学科的英国学术研究团队和超触觉公司的创始人（他在布里斯托大学读研究生时就提出这个想法）合作发现，这项技术可以用来实现隔空情感交流。在他们的研究中，他们让第一组 10 个人使用这种超触觉装置，根据提供给他们的图片创造一些图案，比如着火的汽车、墓地或宁静的森林。第二组 10 个人先感受所有图案，然后对这些图案进行筛选，选择他们认为最合适的“触感”。最后，第三组 10 个人感受这些裁剪过的图案，但是这些图案是随机出现的，不是按照第一组第二组的生成顺序出现的。当研究者要求受试者评价“触感”与图案的匹配程度时，他们明显更喜欢第一组实际创建的图案。这个感觉很像电话游戏，第三组受试者不知道第一组受试者的所作所为，但是他们整个组都不约而同地选择了他们认为与图案情绪最匹配的触摸模式。

研究人员写道：“我们的研究结果表明，对于通过触觉刺激产生的积极情绪，人们可能想要刺激拇指周围、食指和手掌中部的区域。”类似地，“如果一个人想引起负面情绪……小指周围的区域和手掌的外部是关键区域”。这篇文章的结论是，不仅手的不同区域可以引起特定的情绪反应，而且触摸的方向（垂直触摸更容易诱导积极情绪，而从掌根到掌心的抚摸往往会诱导消极情绪），甚至触摸的声波频率和持续时间都会产生影响。可以肯定的是，这只是一个起点，但它暗示了一条可能帮助我们解锁，甚至编辑 VR 中触摸的力量的路。

但是质地呢？我们怎样才能区分柔软的匹马棉和粗糙的皮革，甚至是光滑的皮肤呢？与感受物体形状的难度相比，感受质地更加困难。然而，微软的研究部门已经制造出一对儿控制器的原型机，可以同时实现这两点。其中一款名为 NormalTouch 的设备，与 A. 迈克尔·诺尔于 1971 年发明的突破性触觉设备相比，在很多方面更像是它的微型手持版本：一个小垫子置于你的指尖下方，它可以倾斜，并能根据虚拟物体的轮廓实现感受。这对儿控制器的另一半，叫作 TextureTouch，为指尖垫增加了 16 根小柱子，它们可以伸展或收缩，帮助你感受雕像上的轮廓。它也可能让你感觉到一些其他东西，正如一名 YouTube 用户在一段视频中问的那样："我能摸一下虚拟咪咪吗？"［谢谢你，"冲击式破碎机"（他的网名），不管你是谁，你的拼写、语法和标点符号技巧都证明你是个无处不在的键盘侠。］

诚然，微软正在探索这一领域的事实让人很惊讶，就像比尔·盖茨穿着毛衣一样——但你不能对其他大公司说同样的话，哪怕它们也在探索如何在 VR 中感受质地。迪士尼的研究部门多年来一直在研究触觉。部分原因在于它是主题公园体验不可或缺的一部分，但该公司显然也着眼于未来。迪士尼研究所位于匹兹堡总部的科学家们发表了多篇论文，详细介绍了 VR 和它的近亲，增强现实（简称 AR）中使用的触觉反馈技术。（我们稍后会对 AR 展开介绍。）它最有趣的项目之一，是在一个人的手指周围创建一个电场，这个电场可以被操纵，这样在程序员的操控下，你在感受一个平滑的实物的时候，就能觉得它是凹凸不平的。"从广义上说，"研究人员在一篇详细介绍该项目的文章中写道，“我们正在通过编程控制用户的触觉感知。”

所有这一切都在说：人类的大脑，尽管如此非凡，却是可以被破解的。所以，是的，我们在虚无世界中体验到的那种触觉存在——我们可以与之互动的实体的、有质地的、不可移动的物体，目前只是现实生活中的一种感觉。但事实上，诱导这种感觉的想法不仅很可信，而且很有可能会变为现实。

地点，地点，地点：你那令人兴奋的 VR 初体验，很可能不在家里

与此同时，像虚无世界这样的设施已经是 VR 众多领域中最具活力的了。无论你将它当作游廊还是主题公园，它们都比家庭设施更高端。首先，由于设备不同，你可以在一个大得多的空间里自由漫游，这是家用 VR 系统无法实现的。多亏了神奇的重定向行走，你不需要真的踏进足球场，就会感觉自己真的置身于足球场了。此外，这些场馆也在为定制设备投入大笔资金，从超高功率的个人电脑，到追踪系统，再到甚至不适合家用的头戴式显示器。

其中的一个叫 StarVR，看起来像出自《星际迷航》。它并不会让人感到不舒服，但它很大，有一个显示器可以延伸到你的头部两侧。在头戴式显示器里，虚拟世界远远超出你的边缘视野。IMAX（巨幕电影）在洛杉矶、纽约、上海和多伦多有 4 个 VR 中心，迪拜的 VR 中心也在 2017 年年底开业，所有这些中心都使用这种头戴式显示器。

你可以在 StarVR 头戴式显示器上玩一个游戏，就如同置身于迪

拜的游乐场，这个游戏完美地说明了为什么我们要着重讨论关于触觉和触觉存在的内容。（在你问我之前，不，我没有去过迪拜。我是在旧金山一家酒店的会议室里玩这个 VR 游戏的。不过话说回来，当时正值酷暑，这家酒店的空调设备显然更胜一筹，所以它与迪拜并无二致。）

当我走进房间的时候，我只知道我要玩的游戏叫作 *Ape-X*，但是我不知道它是个什么游戏——我当然也不会预想游戏是如何设置的。地上有一个六角形的金属栅栏，大概有 5 英尺宽，一根金属柱子从栅栏中央伸出来。我还没有意识到发生了什么，一个开发人员就帮我戴上一个巨大的头戴式显示器。然后他们帮我戴上耳机。然后我在头戴式显示器里看到两个巨大的金属护手飘浮着，就像钢铁巨人的手一样。原来，这些才是真正的控制器。当我伸出手时，开发人员帮我把它们滑了上去。

之后，游戏开始了，我明白了栅栏和柱子的作用。我站在一个狭窄的 T 型台上，周围环绕着摩天大楼的塔尖。我从边缘往外看，看到下面 100 英尺远有一排汽车，但这些汽车在飞，它们离地面有几百英尺高。我不可能真的站得那么高，这里摇摇欲坠，我会做噩梦的。但是更疯狂的是，我显然是游戏里所谓的“Ape-X”（是的，是的，游戏的名字都告诉我们了），一个越狱的超级智能猿，一个科幻版的金刚。我可不是费伊·雷，我只有巨大的护手——谢天谢地，护手上配有激光步枪和少量制导导弹。

我确实也需要它们，在接下来的 8 分钟里，我不得不抵挡一波又一波飞来的敌人。有些我可以从天上射下来，有些贴得如此之近，以至我不得不挥舞着我巨大的护手把他们打飞。还有一些人从我没有注意到的角落飞过来，用他们的激光枪扫射我，迫使我在 T 型台上拖着脚走，用摩天大楼的塔尖做掩护。当我无法用手臂勾住栅栏的时候，我会尽我所能把背靠在塔尖上，这既是为了防守，也是为了让我在混乱中保持镇定。

我用激光击落了最后一个敌人。最后，我想，游戏可能结束了。它确实结束了……但是结束之前还有一个意想不到的挑战。一艘气垫船停在了 T 型台旁边，就像一艘飘浮的小型金属驳船。它是被派来帮助我逃跑的，我必须登上它，这意味着我不仅要把自己从塔尖上剥下来（我几乎粘在塔尖上，塔尖都快成为我的盟友了），而且还要从支离破碎的 T 型台上走下来。跳吧，我的理智告诉我，你知道你是在VR中。你知道，在外面，栅栏外面不是空无一物——外面是地毯。我的理性大脑可能知道这一切，但我的感性大脑只知道它的感觉。在那一刻，我的感性大脑告诉我，我在几百英尺高的空中，我可能永远也挪不开我的腿。

我就这样站在那里，左右侧大脑半球都在思考存在的本质，好像又思考了 7 分钟，直到理智的那一半让我的腿动了起来。慢慢地，我一只脚朝气垫船走去，另一条腿弯着准备跳。我跳了下去……直接投入等待的开发人员的怀抱中，开发人员正在确保我不会冲动之下毁了昂贵的计算机。“干得好！”他和蔼地说，“最终跳下去的人并不多。”

说实话，如果我现在回到那里，我可能就不会再跳了。脚下有栅栏，背后有那令人感到踏实的塔尖，不管是不是我的理性大脑占了上风，我都更愿意待在那里。那些我们还无法在 VR 中感知的东西——

真正的触觉存在、重量、质地和温度，正是这些东西强化了我们在VR中的感受。但问题是，这种触觉的存在对我们建立的联系意味着什么？

为此，我们需要进行一次相亲。

相亲游戏：触觉如何改变了亲密感

约翰和谢尔比在不到5分钟前刚见面，但他们此刻已经在外面的夜空中跳起了慢舞。

“好吧，我有个问题要问你。”谢尔比说，“你跳舞跳得好是因为你是南方人吗？”奇怪的是，她虽然转过头来，但是她的头发是静止的。

“事实上，我四海为家，所以我并不认为自己是南方人。”约翰说。

“你是军人吗？”

“不，我童年时很穷困。”他放开她的腰，像弗雷德·阿斯泰尔一样向外伸直身子，用洪亮的嗓音说，“所以我走遍全国，四海为家。”

结合他的话来看，他的语气可能有点儿油腔滑调，但他的坦率让人很难不感到惊讶，尤其是面对一个实际上完全陌生的人。他们的脚是向后的。他似乎并不介意自己在离地面半英尺的高空盘旋。在地球的光下，似乎一切皆有可能。

等等，在什么光下？

现在你知道了吧？

哈哈哈，很明显这些是虚拟化身。

他们在 VR 中跳舞，现在你要谈论的是存在感、亲密感和在月球上的感觉?

差不多是的。但这里还有一些别的事情。因为当约翰和谢尔比在月球上跳舞时，他们最终变成了外星人、宇航员、霸王龙、纸箱人、仙人掌和骷髅，除此之外，他们的舞蹈看起来很轻盈，一点儿也不笨拙。（“我喜欢我的手穿过你脖子的样子。”约翰一度对谢尔比说。）在 VR 中，他们的身体互动表现得并不糟糕，但在工作室里，他们戴着头戴式显示器，穿着动作捕捉服，实际上并不优雅。

你看，在现实生活中会你遇到一些人，然后在 VR 中你也会遇到一些人。但是当你同时在现实生活和 VR 中与他人相遇，你会怎么说呢?当触觉存在出现的时候，你不仅可以在你的眼睛、耳朵和大脑中，还可以在你的皮肤上，把虚拟和真实融合到一起。它是怎样改变体验的强度的呢?更重要的是，它将如何改变一段关系的发展?

让我们倒回去一点儿，大概 25 年吧。

存在感知

1992 年，麻省理工学院出版社（MIT Press）开始出版《存在感》(*Presence*)，这是一本学术期刊，第一次试图将“远程操作员和虚拟环境系统”的跨学科研究统一起来。来自各行各业的人都做出了贡献：工程学、计算机科学、媒体和艺术。（有趣的事实：第一期的一篇文章是由沃伦·罗宾尼特写的，他的名字可能游戏玩家都很熟悉，因为他创造了第一个电子游戏中的“彩蛋”。）即便如此，在民用 VR 的早期，这些人就存在感的一般定义也已达成一致。但人们那会儿刚刚弄清楚如何对如此模糊的概念进行分类，更不用说衡量了。

最先尝试的是鲍勃·威特默和迈克尔·辛格，这两位军队研究人员编制了一份包含 32 个项目的调查问卷，供研究者在研究中使用。通过让志愿者回答诸如“你与环境的互动看上去有多自然？”，以及“控制器在多大程度上会分散注意力？”等问题，他们希望志愿者能够描摹出影响存在感的诸多因素。他们在四个实验中使用了问卷调查，之后，他们将“存在感”分成四类——用户的感知控制、感官刺激、注意力分散和现实主义，并进一步确定了构成这种现象的 17 个子类别。他们在结论中写道：“我们并没有声称已经找到了所有影响存在感的因素，也没有完全理解存在的结构，但我们相信我们已经取得了相当大的进展。”

这份调查问卷在存在感研究领域被广泛引用，不仅是因为它的影响力大，还因为它引起了其他研究人员的回应。几乎在威特默和辛格的调查问卷面市后的同时，出现了另一份调查问卷，而且其作者利用这些调查问卷表明，用威特默和辛格的问卷讨论存在感，从本质上说是有缺陷的。他们辩称，这些调查问卷甚至无法区分真实的体验和虚拟的体验。（当然，这可能是 VR 的柏拉图式理想，但在 20 世纪 90 年代末，当这场论战爆发时，“虚拟体验”看起来就像有人用微软的画图工具在 15 分钟内创造出来的东西。）

这种讨论持续了多年，但是我们在此提及只是为了指出它的实用性很有限，只是局限在心理实验室里。尽管有一些探索存在感的方法得到了临床应用，但它们基本上还属于科学研究的领域。然而，随着时间的推移，人们开始更全面地思考存在感，并把它带出实验室，从用户的角度进行探索。2010年，一项研究将电子游戏和“存在感”调查问卷结合在一起，创造出一种全新的思考“存在感”的方式。

三位研究人员——两位来自佛罗里达中央大学的教授和一位来自马里兰州一家私人研究公司的教授，他们的灵感并非来自VR领域，而是来自设计领域。近年来，“体验设计”这个概念已经成为一个流行词，它融合了心理学、品牌战略和戏剧等不同的领域，创造了一种多学科的设计方法。研究人员利用体验设计的基本原则，制作了一份调查问卷，该问卷采用一种新的“存在感”分类——他们观察到共有五个类别的内容一起为用户创造了“存在感”。

感觉的：由硬件产生的刺激–视觉呈现或触觉反馈。

认知的：精神上的投入，比如解开谜团。

情感的：虚拟环境引发适当的情感反应的能力。

主动的：同理心或他人与虚拟世界的联系。

关系的：体验的社会面。

然后他们使用电子游戏《镜之边缘》来测试这个新系统。（如果你不记得了，那是一款第一人称动作游戏，你要在摩天大楼的顶端赛跑。你可以把它想象成一种刀尖上的跑酷。）尽管这不是个VR游戏——它就是个老式的“Xbox360”游戏，可以在一台普通的老式电视上播放，甚至都可以不是高清电视，结果证明了研究人员的假设，这意味着以这种方式思考存在感是有一定价值的。

当然，这只是对存在感的一种分类，还有其他的分类法。但很明显，它与我们目前讨论的一切都有共鸣——尤其是在情感、活动和关系方面。然而，这个系统缺少一样东西，那就是触觉的存在感。

小故障指向伯利恒

瑞安·斯塔克的骨子里充满了创造力。他的父亲鲍勃，是一位成功的插画家，负责设计近年来耳熟能详的、最具标志性的《纽约客》的封面。（鲍勃之前住在圣路易斯，他对 2014 年密苏里州弗格森市的骚乱做出了回应，他在插画中把大门拱门画成一半黑一半白，中间有一个无法弥合的缺口。）因此，毫不奇怪，瑞安能够在他很短的职业生涯中不断获得发展。作为一名平面设计师，他最初在苹果公司从事用户界面设计，然后自己成立了一家制作工作室，并开始制作音乐录影带。其中一些包含了 VR 的种子，比如 360° 视频或数字化的音乐作品。

但如果你知道斯塔克的作品，那么很可能归因于一次偶然的失败。在他执导的一段视频中，他精心制作了一首由说唱歌手 Young Thug 演唱的歌曲，但由于这位说唱歌手从未出现在拍摄现场，这段视频最终以失败告终——因此，斯塔克将自己拍摄的所有视频都整理好，并配上一些标题卡，解释了一下发生了什么。结果这个作品被病毒式传播，在 YouTube 上获得了近 3 000 万的点击量，最终互联网上几乎所有的音乐媒体都对这一作品进行了报道。

后来，洛杉矶的一个放映系列活动邀请斯塔克离开纽约，去现场接受舞台采访。他去不了，但他做了第二个正确的决定。他和同事们用一套动作捕捉服和一套扫描系统录制了一段 VR 视频，视频中他的虚拟化身假装在回答现场观众的问题。

结果并不完美，又很可笑：他的虚拟化身的右手似乎一直在比中指，而他的嘴巴一动不动，他那张被 iPad（平板电脑）扫描过的脸充满了恐怖谷效应。他的两条腿卡通般地向外弯着，他的胳膊肘像两卷纸巾一样弯曲着。最后，斯塔克的虚拟化身走到一辆崭新的数码跑车面前，坐了进去——却发现自己的手臂从紧闭的车门中间伸出来。这是一场自我意识的混乱，却因此显得更有魅力。透过所有的视觉特效，你能看到一些不可思议的东西。

斯塔克和他的公司与康泰纳仕娱乐公司合作制作了一个名为《虚拟约会》的节目，在脸书的视频平台 Watch 上播放。还有什么比这更能成为 2018 年的年度现象呢？（顺便声明一下，他们称其为“全面披露”：康泰纳仕是《连线》杂志的母公司，因此是我的雇主；然而，早在我知道康泰纳仕投资了《虚拟约会》项目之前，我就认识斯塔克。）该节目的天才之处在于，它把类似于《非诚勿扰》的相亲节目进一步深化，它对现实的处理方式可谓千变万化：陌生人见面是为了约会，但他们可以先在VR中见面，然后再到现实中来。更好的是，他们共享了同一个物理空间。就像虚无世界一样，他们能够伸手触及彼此。

在这类实验的早期阶段，很多地方都出了问题。比如，前面提到的手臂穿过脖子。但参与者还是不断地在虚拟空间里行走，他们四肢乱舞，无视被夹在他们的关节和脚上的运动追踪模块。这部真人秀挖掘了所有喜剧元素，把一对对情侣从一个地方带到另一个地方（海滩！僵尸电影！古埃及！），每个人的变形次数如此之多，连擎天柱都比不上。

节目每一集只有七八分钟，但它们和那种长达半小时的相亲节目一样轻松有趣，主要是因为里面的一切是那么令人眼花缭乱。VR 目前的缺点让每一次见面都变得更加可爱。更好的是，触觉的存在成为亲密关系的直接导体。当这些小故障让人们放弃了自我意识时，互相触摸就变成一种自然的反应。这是一个天真的游戏，一个没有诱惑的时刻——但它仍然包含所有必要的成分。

“对我来说，最重要的是看到了共现的力量。”瑞安·斯塔克表示，“这种力量是巨大的。它超越了那些可以调剂人际关系的各种元素，它带给你更多的是一种感觉，这种感觉的核心是，在这个巨大的数字世界里，你不是一个孤独的单身狗。你真的和另一个人在一起。”也许这就是为什么在每一集的结尾，当每个人把头戴式显示器摘下来，要决定是否参加一个常规的真人约会时，你会发现他们希望所有人都去。约会本身已经很难了，也许 VR 可以让它变得简单一点儿。

但是不要相信我的话。一位脸书用户的总结比我以往任何时候说的都要简洁（而且脏话连篇）。“这是一个里程碑（原文如此），”他在《虚拟约会》早期的某一集的评论中写道，“这是历史上的一个重要时刻。20 年后，当 VR 技术得到完善时，当我们回顾这一切时，就像我们在看老掉牙的相亲节目时那样，一边笑一边玩着各种游戏一边做爱。”

但他有一点说错了：也许不需要20年。那么剩下的事情呢？那是可以争取的。说到这，是时候让我们走到亲密关系的顶峰了。

第九章

成人影片真人化

在数字时代，成人产业可能已经发生了很大的变化，但有些事情仍然和人们的刻板印象一致。比如我现在身处的这栋房子，位于洛杉矶的郊区，离这不到一个街区，有一条高速公路，汽车穿梭于绵延不绝的圣费尔南多山谷，然而我们却挤在价值数百万美元的房屋旁边，在两个街区的立柱后面。乘坐优步的话，15 分钟就能到达好莱坞露天剧场。卡戴珊姐妹也不过如此吧。

在这里有点儿不太适合看电视。主要是因为那张四柱床上的裸女，以及她正在做的事情，一个裸体的男人站在床边。

但对奥古斯特·埃姆斯和汤米·冈恩来说（有些粉丝可能知道他们），来到这里可不仅仅是为了在镜头前做爱。如果只是为了做爱，那么摆在汤米面前的 VR 摄像机就不会一直往前推，迫使他的腰部努力向后靠，以致他不得不退到角落里的一张躺椅上，在拍摄间隙舒展一下身体。（“我的髋部屈肌疼死了！”他在一次休息的时候吼道。）如果奥古斯特和汤米只是在拍“传统的”色情片，那么她可能不会那么靠近镜头，那么温柔地看着镜头，就好像它们是恋人的眼睛。如果他们只是在拍摄那种标准的三段式色情片，只是个平常的二维影片，那么为这次拍摄提供资金的公司的首席执行官就不会专程从巴塞罗那飞来，坐在楼下。当然也不会有一个“临床性学家”来监督拍摄，确保拍摄的动作符合最大的治疗价值。

这是VR色情——在这个行业里，亲密是口号，眼神交流是一切，电影公司看到了商业潜力，自从互联网出现以来，这种潜力就没有再出现过，它几乎毁掉了整个行业。

这不过是阳光明媚的恩西诺的又一天而已。请不要踩到ben-wa球（性玩具）。

涉猎色情行业

托德·格利德从来没有想过要进入色情行业。早在20世纪90年代中期，他就是90年代中期普通人活生生的化身：一个20多岁的年轻人，拥有艺术硕士学位（“烟斗、粗花呢外套，诸如此类”，他说），住在旧金山，专心做杂志。后来他的女朋友在洛杉矶找到一份工作，所以他开始在南加州找工作。他看到其中一则招聘信息写着招聘一名“HTML（超文本标记语言）程序员”。他得到面试的机会，也得到这份工作，但“HTML编程”原来是“为一家在线成人公司写色情文案”。

格利德发现，这份工作非常适合他——整个成人行业也是如此。他成为第一家公司的创意总监，然后移居海外到欧洲工作。2010年，他成为一家大型数字娱乐公司的首席执行官，该公司现在是几个较小的成人品牌的拥有者。其中一个品牌以VR技术为核心，正是该工作室创造了上文提到的在楼上拍摄的场景。

该品牌于 2015 年夏天发布了它的第一个 VR 色情场景，这家公司在一年之内就赢利了。格利德坐在恩西诺豪宅的客厅里说，公司的员工从 10 人增加到 90 多人，“绝大多数都是程序员”。他身材结实，剃着光头，一副合群的样子，他的穿着和那些要上台跟一群科技开发人员讲话的人差不多：深灰色系纽扣衬衫，黑色裤子，苹果手表。这并不意外。在格利德看来，VR 不仅有可能让色情行业再次赢利，还能让科技世界尊重成人产业。他说：“我第一次觉得我们在任何方面都处于领先地位。”“硅谷曾让我们灰飞烟灭，但现在成人产业正呈星火燎原之势。”

从历史上看，人们本能地想看裸体的人做裸体的事情，这加速了其他商业消费技术的推广。录像机、CD 光盘，甚至是流媒体视频的出现，很大程度上要归功于色情片，因为它们使观看色情片变得更方便、更私密。

科技所给予的，科技也会带走。还是那个流媒体视频压缩技术，将 YouTube 变成一个庞然大物，同时也抢走了成人产业的一大笔收入。曾经购买或租借 DVD（数字化视频光盘）的消费者现在可以直接去所谓的色情视频网站，在那里他们可以观看高清色情片——通常是盗版的，尽情（或者满足身体其他部位）地观看其中的内容。多年来，电影公司尽其所能与潮流做斗争，抓住任何可能的技术，只要能帮助它们再次赚钱：3D 电视、超高分辨率。什么都不管用，因为没有什么能让色情片从根本上看起来不同。到了晚上，用户作为旁观者看着其他人做爱，没有什么能改变这一点。

也就是说，除了存在感的变革性力量，什么都没有用。

色情感对比亲密感

认识一下斯科特（化名）。斯科特 50 多岁了，娶了大学时期的女神。他住在太平洋西北部，在一家软件公司工作。斯科特一生中从未为网络色情付过费。他不是你所说的色情片鉴赏家。他不认识任何明星，不熟悉色情片的各种类型。（是的，色情片有不同的流派。请不要表现出惊讶的样子。）如果他出差，或者妻子不在家的时候，偶尔感到无聊他就会看几部色情片。但后来，斯科特在圣诞节时得到一副移动 VR 头戴式显示器。他摆弄着预装好的游戏和体验——在太阳马戏团里闲逛，进行一些太空探索，然后开始四处寻找可以做的事情。第一站是 YouTube，他想搜索 VR 游戏演示。

YouTube 推荐算法的一个有趣之处是：事实证明，如果你在 YouTube 上搜索 VR 内容，该网站就会推荐它认为你可能喜欢的其他视频。最终，你很可能会遇到一个“反应视频”，里面描述了人们第一次观看 VR 色情片的场景。这是一个分成两半的屏幕：一边是用户在头戴式显示器中看到的适当模糊的场景；另一边是戴着头戴式显示器的观众，他们的表情可能介于震惊和愉悦之间。有点儿意思，斯科特想，也许我应该去看看。因此，斯科特继续搜索，并很快从一个 VR 色情工作室发现了一个免费的完整片源。（它缺乏创造性，但好在清晰度弥补了不足。）他把这个下载到他的手机里，在他的头戴式显示器里播放。这并不是一次自我发现的性爱之旅，斯科特还穿着衣服呢，他甚至没有碰自己。

这段视频时长29分钟。它是在2015年发布的，时间非常长。在非色情VR领域，大多数视频都担心晕动病，因此视频的时间通常不到10分钟。当场景开始时，你发现自己躺在床上；男性的身体向外伸展，下半身被床单覆盖着。如果你在现实生活中像斯科特那样坐着，那么这个比例有点儿奇怪，但你仍然意识到这个身体应该是你的，尽管事实上你只能看到自己的腹部。但是不要想太久，因为刚刚有三个女人走进你的房间。“他本人比从街对面看更可爱。”一个带着英国口音的人说。“我们把他叫醒好吗？”另外两个女人爬到床上，把脸凑近你的脸。“早上好。”其中一个在你的左耳边低声说。她咯咯地笑，声音非常接近你的耳朵，非常逼真。

从某种意义上说，事情的发展过程是完全可以预见的：你们四个人以任何可以想象的排列组合做爱。撇开肉欲不谈，你会被它的某些方面打动。首先，男性表演者（也就是你）不需要动，喜欢吧。虽然他的手可以伸出来握住和挤压各种东西，但他实际上是完全被动的。更奇怪的是，这三个女人几乎一直盯着镜头（至少当她们面对镜头的时候）。如果这是传统的平面视频，那么你肯定会一直想突破“第四面墙”，这多少有些奇怪。然而，在VR中，这种效果从一个噱头变成了……好吧，一个场景制造者。这取决于你所看的地方，以及演员的演技，你真的会觉得你在凝视着对方的眼睛。

斯科特惊奇地看着这一切。他有两个想法。首先，这是一次他没有预料到的经历。

其次，他想再多看一些。

斯科特不是唯一想这样做的人，无论是出于好奇心还是为了打发时间。2016 年圣诞节，当他戴上头戴式显示器时，在线视频网站的 VR 视频浏览量从每天约 40 万次跃升至超过 90 万次。但斯科特并不想只是在视频网站上搜索一些仅供预览的短片，他要的是真货。“我简直不敢相信它带来的沉浸感。”他说，“虽然有点儿模糊，但一切都让我意识到我不仅仅是在看 3D 视频。当一个女人走近你的脸时，你能感觉到她身上散发出来的热量，你能感觉到她的呼吸。你的大脑被欺骗了，被存在和不存在迷惑了。”

所以他又搜索了一些，尝试了一些 VR 工作室的产品。最终，他选出一个网站。他喜欢这个网站，是因为上面的视频有种幽默感，比如恶搞《权力的游戏》，或者万圣节前后的僵尸主题场景。不过，他说，他喜欢这个网站“最重要的似乎是它的现实感”，这让他有种亲密感。

成人工作室，以及聚集在留言板和红迪网上分享反馈意见的用户，管它叫“女朋友体验”，或者简称为“GFE”。对于大多数投身 VR 色情制作的公司来说，它成了一个口号。“我们刚开始制作视频时，女朋友体验是所有人的首选。”一家成人 VR 工作室的负责人安娜·李表示，“给我一个女朋友，让我相信她想要我，让她看着我，让她和我发生亲密关系。”

但是也许没有人能像 WanKz 那样把亲密作为其作品的基石。该工作室发明了一种摄像装置，让演员直直地走到镜头前，这样他们就可以假装亲吻镜头。该公司的场景越来越多，但是不再专注于性行为本身，而是专注于前戏和面对面的互动：耳语、挑逗、眼神交流。

它甚至开始以一种明显而又隐晦的方式拍摄真实的性爱。例如，男性观众可能会看到自己以某种姿势与一名女子发生性关系，但摄像机倾斜，如果他们向下看，他们的视线就会停在女子腰部以下。（一些 VR 视频，包括大部分的成人 VR，是以 180° 拍摄的，这使得 VR 视野里的一些区域变黑或变灰。）相反，重点是女人的快乐：她的面部表情，她发出的声音，她的动作。

这种转变的意义怎么说都不为过。数万年来，绝大多数的色情艺术都是以几种基本的方式描绘性爱的。无论环境如何，无论体位如何，无论身体的哪个部位与哪个部位接触，性都是默认的……最后总归是生殖器受到了刺激。在其他 VR 工作室的努力下，VR 中的性爱不再是动作，而是反应。电影公司知道，这些动作已经得到妥善处理。它发生在虚拟卧室的外面，观众把事情掌握在自己手中。

被 VR 颠覆的色情行业

让我们花点儿时间来解决一个显而易见的问题：这些听起来还是很片面。你可以找到一种 VR 成人视频，让你感受到你和某个女人真的发生了关系，也有针对男同性恋的作品，但就像整个成人行业一样，绝大多数的成人 VR 内容都是针对异性恋男性的。在很大程度上，这就是销量的来源：一家色情网站的数据显示，男性访客观看 VR 内容的可能性比女性高 160%。事实上，2016 年女性游客仅占该网站游客总数的 26%。

不过，让我们想象一下，有没有可能 VR 色情比传统色情更受女性欢迎？毕竟，科技可能不仅对成人产业的经济方面产生了影响，还对其社会方面产生了影响。在录像厅让位于高速互联网和流媒体技术之后，智能手机的兴起让色情片比以往任何时候都更触手可及。2015年，移动用户占色情网站流量的53%，而且这一比例还在不断上升。（在美国，这条曲线更加陡峭：2016年，移动用户贡献了某色情网站70%的流量。）平均而言，人们每次访问该网站的时间不到10分钟——足够找到他们想要的视频，干自己的事儿，然后继续“深入”了。

就像MP3（一种播放音乐文件的播放器）的兴起导致专辑销量急剧下滑一样，大量（免费的）色情短片也取代了曾经是传统的消费单元的完整电影。无论是其因还是其果，色情产业正在成为一个买方市场，它的经济影响随之渗透到其工作人员身上：演员的收入越来越少，（而为了吸引眼球）这些性行为的拍摄方式也越来越具有侮辱性。2010年，一项对300个流行色情视频的研究发现，其中88%的视频对女性实施了某种程度的身体暴力。这么说不是说它扭捏作态，也不是否认打屁股不会让双方都感到愉悦，但当一切都是免费的时候，要想脱颖而出，你只能走极端。

然而，VR有可能通过同理心的魔力扭转这一趋势。随着框架的消失，观众真正进入场景。一旦你出现在场景中，由于存在感的缘故，你不再是一个偷窥者，你是一个参与者。你不再置身事外，也不再麻木。

这会让事情变得更令人兴奋，还是更加困难？尴尬？窘迫？这取决于场景，取决于看视频的人。但无论如何，这种潜在的暗示，把观众与他们寻求的幻想放在平等的地位，将以一种前所未有的方式颠覆色情产业。

我们已经在早期的 VR 色情中看到了这一点。“人们对与传统色情相反的东西做出了反应。”道格·麦考特说。如果有人知道问题的答案，那么一定是他。

在过去的两年里，这位 46 岁的阿拉斯加人浏览了几乎所有他自己的网站上发布的 VR 色情场景。我不是说他看了一场戏，然后就认定罗杰·艾伯特演的最好；我的意思是，他真的在评论它。他把每部作品都看了一遍，这样他可以确保它们是值得评论的——最近的作品有点儿多，所以他必须更挑剔，然后再看一遍，暂停，然后为他的读者截图，不断地戴上和摘下头戴式显示器。总之，平均每个影评需要花费他 4～6 小时，有时则更多。

“色情片已经退化成一种低级趣味的东西。”麦考特说，他的预期用行业术语来说就是硬核的、耿直的，“四五十年后，你为了推动它还能做什么呢？你能做的就是调动视觉或身体的极限，但那是愚蠢的。VR 提供了你在色情片中无法获得的东西。当你与一名异性亲密接触时，你看到的是一种回归色情产业本真的东西。这远非色情，更像人类的亲密行为。”

表演者不仅仅是幻想的对象，他们已经成为幻想中的伴侣——更重要的是，他们已经成为真正存在的人。“我发现我比以前更在乎片子里的人了。”斯科特说，“尽管他们仍在扮演色情明星的角色，但他们的个性在某种程度上让我着迷——所以我实际上会找其中一些演员作为嘉宾参加幕后采访或直播，只是想多了解一点儿他们的生活。”

这听起来有点儿像迷恋，不是吗？然而，斯科特坚持认为，VR色情实际上重新点燃了他与妻子近40年的欲火。“我对与妻子做爱的兴趣明显增加了。”他说，“她认为这是因为我换了一份工作，压力更小了，但实际上是因为我意识到与她的亲密关系是多么令人愉快。当我第一次看VR色情片时，我想，‘也许这是个机会，当我和我妻子在一起时，我可以幻想在VR中遇到其他女人’。那没有用。这种认知上的不协调实际上让事情变得更糟了。专心地像对待一个真正的妻子那样对待我的妻子，那个爱我的人，那个我爱的人，是如此令人满足和兴奋——尽管我在VR中有过一系列不同的体验，这可能让我对那晚的性爱更有兴致。”换句话说，VR可能是一种壮阳药，而不是替代品。

性爱是虚拟的，但是亲密感是真实的

回到拍摄现场，并不是所有人都是VR专家。这是男演员汤米·冈恩第一次出演，但由于他已经出演了1 700多部电影，要想让他感到迷惑，光有一些花哨的摄影机是不够的。“据我所知，”他说，“我只需要躺下来享受这段旅程。这总比被一根尖利的棍子戳着眼睛强。”

冈恩看起来有点儿像HBO电视剧《权力的游戏》中的流氓雇佣兵波隆——如果波隆在新泽西长大，喜欢定制军用车辆的话。他也和波隆一样直言不讳。

前面我提到了ben-wa球，至少在此刻，奥古斯特·埃姆斯还在关注这个问题。（“看起来像个猫玩具。”冈恩在拍摄间隙躺在躺椅上说。他是对的，然而，由于这个球是亮绿色和红色的搭配，它们看起来像两个小传家宝西瓜。）它们只是这部电影的众多不同之处之一，视频网站试图用 VR 让成人内容既有亲密感又有指导意义。

和其他许多 VR 色情作品一样，《虚拟性学》也是以男性演员的第一人称视角拍摄的（这部片子里，男演员当然就是冈恩）。这种视角对色情片来说并不新鲜，视角片（POV）现在是一种独立的类型了。但是它现在更接近于 VR 默认的处理方式，至少是 VR 早期的方式，因为它为观众带来了如此多的面对面的亲密感。此外，就像在其他许多 VR 色情体验中一样，导演告诉冈恩，他需要保持沉默，大体上不能动。这可能会让他的动作产生一些奇怪的扭曲，因为摄像机需要保持与他的眼睛齐平，而不干扰他的下体，好吧，我将其称为他的操作附件。尽管这可能会让他感到不舒服，但对于 VR 来说，这是必需的——因为它在观众的大脑和身体之间建立了一种惊人的联系，这种存在感告诉观众，他们正在被占据。

但除了摄影机的角度，正是《虚拟性学》的结构使它不同于任何 VR 色情电影（或传统色情电影，是的）。这始于性接触本身。虽然它包含了你所期望的大部分内容，但它更像一个教学视频：自始至终，奥古斯特·埃姆斯都在看着摄像机，通过从深呼吸到延迟性高潮的各种技巧来指导“你”（就像冈恩表现的那样）。

怀疑论者的角落：具体化

你：所以你是说如果我低头看到一具裸体，我就会认为那是我的？

我：一开始没有。当然，理性地说，你很明显知道你没有汤米·冈恩的腹肌，也没有他的专业“装备”。（说真的，你可以从一堆人中一眼看出来。）但如果你有心情去阅读一项关于 VR 研究……

你：我没心情，所以才叫你过来的。

我：没错！这就是我来的原因。好吧，我们谈论的这个概念可以追溯到人们熟知的“橡胶手臂错觉”。1998 年，匹兹堡的一位精神病学家和心理学家让志愿者将左手放在一张小桌子上，然后在他们的手臂和身体之间放置一个屏幕，这样他们就看不到自己的手臂了。他们把一只真人大小的橡胶手臂放在桌子上，让志愿者把注意力集中在手臂上，然后用画刷同时触碰隐藏的真手和橡胶假手。他们对画刷触碰的时间尽可能精确地计时，但是触碰的位置稍有不同。他们对 10 位志愿者做了这个实验。其中 8 人都觉得这只橡胶手就像他们的真手：在画刷触碰橡胶手臂的地方，他们也感觉到了触碰，或者认为他们感觉到的触碰是由看得见的画刷造成的。

在那项实验的 10 年后，西班牙的另一组研究人员在 VR 中复制了橡胶手臂错觉，称其为“虚拟手臂错觉”。用他们自己的话来说，他们能够诱导出“在虚拟环境中，认为模拟的身体其实是自己的”这种能力。

现在，虚拟手臂错觉正是VR色情中亲密关系的基础之一。还记得本章前面那个叫斯科特的人吗？这是他对我说的：“如果我伸出手，把我的手放在演员的手相同的位置，它会在我的大脑中触发一个反应，让我觉得演员的手其实就是我的手。在同一个空间里，真的，真的把我的体验提升到了另一个层次。”

你：当然，但是如果我是一个女人，我低头看到一个男人的身体怎么办？或者我是一个男人，我看到一个女人的身体怎么办？存在感是有限制的，对吧？

我：你会这么想，但很难出现这种情况。在西班牙的研究人员证实了虚拟手臂错觉后不久，由同一个人领导的另一个团队——一个名叫梅尔·斯莱特的学者，他对存在感的研究定义了这个领域的诸多内容，想看看VR是否能够诱导全身感觉的迁移。他们创造了一个虚拟的环境，在这个环境中，男性志愿者坐在房间的另一边，看着一个女人抚摸一个年轻女孩的肩膀。两分钟后，场景发生了变化，男性志愿者的视角也发生了变化。一些男性被赋予了小女孩的第一人称视角，如果他们往下看，就会看到年轻女孩的衬衫和裙子，如果他们照照镜子，他们会看到一张年轻女孩的脸。其他的志愿者被置于女孩和女人之间，但实际上并没有存在于任何一方的身体上。

在接下来的几分钟里，男性志愿者看着这名女子抚摸女孩的肩膀，而实验室里的研究人员则抚摸着他们真实的肩膀。突然，男人们的视角又变了，他们浮在女人和女孩的上方，然后他们看到那个女人扇了女孩三巴掌，打在她的脸上！啪！啪！啪！然后他们回到原来的位置，实验结束了。

之后，这些男性志愿者填写了调查问卷，但研究人员对这些男性的心率情况更感兴趣。特别是他们观察了男性在看到一个女性扇一个年轻女孩耳光时心率是如何减慢的；心率减速与所谓的厌恶压力有关，它代表了人们内心逃避现实的欲望。当志愿者被赋予小女孩的第一人称视角时，无论是看到小女孩被扇耳光，还是低头看向自己那个小女孩的身体——就好像这个女人对他们构成了真正的威胁，他们的生理反应都明显更强烈。

“通过沉浸式VR，人们可以用眼睛看，用耳朵听，可以感觉到虚拟的身体代替了自己的身体。”研究人员写道，“我们的数据表明，人们有一些主观和生理反应，就好像这些虚拟形象真的是自己的身体一样。”这个虚拟形象不一定需要同一个身体，也不一定需要相同的性别，甚至不需要相同的年龄。

> 所有这些都意味着，你可能没有色情明星的身体，但 VR 可以让你确信你有那个身体。

实际的脚本主要靠画外音（在最终版的电影中，一个女声旁白）解释，并提供一些临床评论，解释了马斯特斯和约翰逊的“挤压”技术，或不同的体位如何能最大化地刺激双方——这使得奥古斯特·埃姆斯的夸张表演听起来像色情明星和“每人都有小红花”的幼儿园老师的结合。“哦，我的天哪。”在凯格尔的一段运动视频中，她对着镜头轻声低语，汤米·冈恩正在做只能用“咚”这个词来形容的俯卧撑。

如果你觉得从写作角度讲，这听起来很俗气，想象一下，那时我正站在一间家具齐全的出租屋里，在离床不到 10 英尺的地方愤怒地乱写着笔记。如果你认为这听起来像是个悲哀的例子，就说明成人产业不过是在兜售顺从但又欲求不满的女人的神话，你……你没有错，至少在这种情况下没错。但是色情产业涌向 VR 并不局限于异性恋、男性至上的幻想。事实上，在《虚拟性学》发行之后，它继续从女演员的视角拍摄续集。另一个网站最近发布了一个男女欢爱的场景，它既从男性视角拍摄，也从女性视角拍摄。然后把它们同步播放——他们希望的是，观看这部片子的男女双方都有各自的 VR 头戴式显示器，分别定制他们想看到的内容，再尽情享受这 17 分 26 秒。（或者直到他们觉得无聊为止。）有同性恋 VR 色情，变性 VR 色情，绑缚与调教 VR 色情……基本上，任何一种品类，然后在它的中间插入一个“VR”，你都可以找到相应的体验。如果没有，那么很快也会有了。

在本书的开头，我花了一些时间让你明白一件事，即新闻报道可能跟不上现实生活。创业可能会失败；公司可能会变更名称，可能会被买卖，也可能轻易就破产了；人们可以换工作，甚至是职业。这种不可预测性也有悲剧的一面。2017 年 12 月，在本书的最后编辑阶段，我们得知一个可怕的消息，奥古斯特·埃姆斯自杀了，她只有 23 岁。

2011 年，两名计算神经科学家分析了 4 亿多在线色情搜索结果，并整理成一本书。在《时代》杂志的采访中，合著者奥吉·奥格斯这样解释性别差异：

> 从整体来看，女性更喜欢叙事片而不是色情片……有两个原因。两者都归结于男性和女性大脑负责性的部分存在根本区别。最基本的区别之一是，男性的大脑对任何单一的性刺激都有反应。漂亮的胸部、两个接吻的女孩、熟女——如果他们能被这些吸引的话。任何一件事都会引起男性的兴奋。女性欲望的唤醒需要多重刺激或快速连续的刺激。唤起女性的性觉醒需要更多的刺激和更多种类的刺激。对于男人来说，最常见的自慰材料是 60

秒的色情片段。对于女性来说，可以是 250 页的小说，也可以是 2 000 字的故事。这就是获得多重刺激的方法。故事有更大的灵活性来提供更多种类的刺激。在男性色情作品中，性出现在故事（或电影）的前四分之一。而女性色情作品，则出现在一半的位置。在性爱之前还有更多的时间来构建人物性格。

但如果有什么能缩小这一差距，那就是 VR。与 60 秒的视频片段相比，VR 色情更符合奥格斯描述的故事性更强的特点。“真的很难让一个人坐下来，真正把整部色情作品都看完，”道格·麦考特说，“但出于某种原因，这在 VR 中却行得通。人们在 VR 中挖掘体验。”他承认，其中一些是实用的，“把自己绑好，戴上头戴式显示器，就为了看一段 10 分钟的视频剪辑，这种感觉有点儿奇怪”。

但即使 VR 色情场景的持续时间与传统场景相同（当你用原始长度来比较，而不是用视频网站筛选出来的短视频进行比较时，许多场景持续的时间都差不多），他们的感觉也完全不同。那是因为眼神交流、耳语、模拟接吻，以及导演和演员们尽一切可能将空间和存在感利用起来的所有方法都让一切变得不同。他们也有不同的感觉，因为整个场景，从前戏到高潮，感觉都像是同一场性爱中的一部分。

我们观看性的媒介发生了变化，性本身也变得越来越去文字化。当录像机将色情消费从影院转移到卧室时，电影也从长片变成了场景的集合。当互联网出现时，这些场景又被压缩成短视频。而当智能手机出现时，这些视频被剪辑得更短了：色情动图变得惊人地流行，尤其是在年轻女性中。然而，VR 恢复了亲密接触的整体性，即使它针对的对象是某些把色情视为即时满足的男性。当你把这些场景全部看完的时候，你会觉得它们很诱人，前戏又变得重要了。

请记住，这一切都是预先拍摄好的 VR 体验，这意味着它们是虚拟的性，这也是 VR 色情的局限性。它可能完全符合也可能不完全符合特定观众的口味。它能吸引观众，但观众感觉只是进入一个实际上并不属于他们的身体。这是虚拟的性爱，观众被弄得哑口无言：他们会说话，但谁会听到他们呢？他们只能是消费者，而不是真正的参与者。（不过，也有一些与手机应用或互联网相连的振动器和自慰设备，可以实现与屏幕上发生的事情同步。这些所谓的智能玩具离 VR 中的触觉感受更近了一步。）毫无疑问，存在感可以带来一些神奇的反应，但像这样的单向传播在实现相互亲昵方面尚有不足。

不过，这种情况已经发生变化了。

笑一笑，镜头在拍你呢

“我要去上个厕所，因为我是一个小便王。这是我的正式头衔。”埃拉·达林在 20 分钟内第三次从沙发上站起来，走向卫生间。我们坐在迈阿密南海滩附近的一个酒店房间里，外面很热。楼下，酒店的室外游泳池和酒吧里挤满了比基尼女郎、穿牛仔短裤和文着部落文身的男子。他们中的一些人可能本来就是想来酒吧的——毕竟这是迈阿密，但他们中的大多数人是为 XBIZ（一个商业会议）而来的。

AVN 成人娱乐博览会是人们听说过的一个色情行业展会。XBIZ 是……不是，XBIZ 是一个商业会议，参与者包括网站管理员和营销人员。它在 NSFW（不适合上班时间浏览）世界里的地位，就像中学食堂里的书呆子们的桌子。而埃拉·达林可能是一个色情演员，但她也是一个顽固的书呆子，她就是这样的人。

达林很小的时候就爱上 VR 这一概念。在 20 世纪 90 年代末到 21 世纪初，《非常特务》和任天堂的《虚拟男孩》曾经火过又过时了，VR 也从让人大费脑筋的科幻概念变成过气网红，变成褪色的文化脚注。但是，达林仍然是一个狂热的科幻小说读者和《龙与地下城》的玩家，在一个沉浸式的世界中迷失自我的想法（用她的话说，“能够真正看到书中那些令我沉迷的东西”）不仅让她兴奋，而且让她觉得很浪漫。

达林获得硕士学位之后成为一名图书管理员，这对于一个活跃的读者来说并不奇怪。也许令人惊讶的是，她后来不再担任图书管理员，而是开始出演色情电影。（是的，这意味着她正式成为一名性感的图书管理员。有趣的是，她的背上文着一组杜威十进制图书数字编码，对应的图书是《哈利·波特》丛书。）在经历了几年的捆绑场景、手淫视频和女女恋的电影后，达林参加了 E3 电子游戏贸易展，并试用了傲库路思·裂缝的早期版本。“当我听到新技术的时候，我首先想到的是，”她说，“我怎么摆弄它？或者我怎么能让别人看见我在摆弄它？如果你想得够仔细的话，通常就会有这样或那样的机会用它。”有了裂缝，达林根本不用想太多。现在，她站在了 VR 直播世界的最前沿。

如果普通的色情片是一部电影，那么直播就是闭路电视：表演者通过网络摄像头直播节目，人们可以在 VR 色情直播网站上通过浏览器观看。它已经存在多年了，尽管物美价廉的相机和高速互联网越来越普及，它还是成了成人产业中越来越受欢迎的一部分。

这也是一个有利可图的项目。因为这是一场现场直播，它比传统场景更不容易被盗版。此外，大多数直播网站的收入不是来自广告或订阅，而是来自打赏。用户可以免费观看节目，也可以向表演者发送小额打赏——“看到一个好的节目，给演员送一些有趣的礼物，并要求观看性感的一对一私人节目”，正如直播网站描述的那样，其赢利是以用户从该网站购买代币的方式实现的。虽然直播网站保留了部分技巧，但其商业模式更像一个小型实体企业，而不是电影企业：表演者向网站付费，这样才能获得自己所需。

直播并不是埃拉·达林的第一部 VR 色情片。事实上，2014 年根本不存在 VR 直播。就在那时，她在红迪网看到两个想制作 VR 色情片的人发布的帖子。她想拍 VR 色情片，于是他们把她从加利福尼亚州“空运”到马里兰州。和现今实打实的科技创业潮流差不多，他们实际上只是两个 21 岁的大学生。（“这是非常奇怪的科学。”达林说。）尽管如此，他们还是在宿舍里拍了一个测试场景。他们没有像其他刚刚起步的 VR 视频公司那样购买一系列昂贵的高端相机，而是果断地自己动手，将两台运动相机（GoPro）绑在一起，以低廉的成本创造出 3D 影像。（果然还是实打实的科技初创企业的风格，达林穿着 R2-D2 机器人式的泳衣——至少最初是这样。）她飞回洛杉矶后，其中一个人给她发了电子邮件：他已经完成了测试场景的处理，并被这段视频震撼了，他想让她成为企业合伙人。“它和我看过的任何色情片都不一样，”他当时写道，“它就像我在看着一个真实的人。”（这句话有很多含义，潜台词表明，评论家对色情片的评论是真实的——在传统色情片里，大家都不把演员当人来对待。虽然这不是本书的主题，但这足以说明，无论我们是否在谈论传统色情，VR 的独特品质会将这种情绪投射到完全不同的维度上。）

现在，他们两人是洛杉矶的室友，同时成了商业伙伴。他们的设备已经从原始的运动相机更新成为一种复杂的定制设备，它可以让表演者无限地接近镜头（这是为了更好地引诱你，我亲爱的！），达林已经从拍摄转向了直播。她也从每周在自己的网站上进行现场直播变成直播网站的 VR 主管。她供职的网站是世界上第九大成人网站，新的平台大大提高了她的知名度。当她第一次为网站做节目时，有数百名用户在同时观看。

尽管观众众多，但这种体验仍然保持着一对一沟通的幻觉。达林只有在对着镜头说话时才会小心地使用单数代词，甚至当用户在聊天窗口输入内容时，她也会称呼他们的名字。达林说："直播是为了建立一种亲密关系，也为了分享共同的脆弱感。""当我在 VR 中拍摄时，我实际上感到更投入，因为我知道，对于在 VR 中观看我的人来说，他们的体验是由我主导的。他们不去收发电子邮件，不去发短信，他们也不做午饭，他们只是看着我，这种力量真的很强大。比如，知道我现在征服了你所有的注意力了吗？天啊。"

这种直接联系可以产生一些令人惊讶的效果。"有一种相互吸引的感觉，这是你从色情作品中得不到的。"达林说，"我赤身裸体，在镜头前手淫，而你在看，这让你觉得你可以稍微开放一点儿。当我在 VR 中拍摄时，男人们比在普通的直播平台上更快地开始放飞自我。"

和很多直播演员一样，达林也有固定的观众，他们会观看她的每一次演出。有一周，她发现一位常客不见了。下个星期他又回来了，他请她给他看一场私人演出。他和女友分手了，他告诉达林，他只想和一些他信任的人待在一起。“他只见过我几次。”她说，“当他感到脆弱时，他觉得 VR 是一个安全、舒适的地方。”

“这里面有一种关系。”她继续说，“因为他们觉得他们身处我的卧室。在某种程度上，他们确实是。”有一些工作室专门培养这种主播，当这些主播源源不断地出现时，达林只是在自己的房间里安装了一台 VR 摄像机。当你和她在一起的时候，你真的在她的家里，从挂在她床上的头骨，到女性人体模特身上镶着珠宝的防毒面具，再到她书架上的许多头骨（宅女喜欢头骨）。

尽管如此，这种关系还是很重要。对于传统的直播用户来说，这一点非常重要，因为他们通常会与主播一起观看私人节目，并为此支付额外费用，或者帮助主播们清空亚马逊购物车。在 VR 领域，这一点甚至更为重要。达林说：“很多人都没有恋爱的机会。也许他们有行动不便的问题，或者有健康问题，或者他们工作很忙，或者他们在社交方面真的很笨拙，或者有很多原因导致他们无法拥有那种关系。这给了他们一个机会，去和那些原本无法与之互动的人互动。这对我来说意义重大。”

但如果那个人已经在谈恋爱了呢？达林的常客已经和他的女朋友分手了，他的女朋友知不知道他花了不少时间，甚至可能还有不少金钱，实时观看另一个女人自慰？

看色情片是否构成不忠这个问题没有一个简单的答案：每对夫妻

都是不同的。然而，新出现的因素让这个问题变得更复杂了。当一个人明显地制造出你真的和她在一起的幻觉时，你的欲望是由她唤起的吗？

还记得50多岁的软件工程师斯科特吗？在我最后一次和他谈话的几个月后，他给我发了一封很长、很有想法的邮件。在他最喜欢的VR色情网站的留言板上，他写道，他读过其他男人和妻子一起看VR色情片的故事。有些人只是给妻子看从女性视角拍摄的电影，而有些人则戴着头戴式显示器做爱。斯科特有点儿好奇，他想知道他和妻子能不能也这样。VR色情已经恢复了他与妻子的性关系，他为什么不能告诉她这件事呢？所以他做了。

事情不太顺利。她要求看一场他看过的戏，看完整个场景后，她说："这感觉就像通奸。"斯科特惊呆了，在他看来，尽管VR色情片特别生动，但它只是一种幻想。不过，他的妻子让他想起他们一起读过的一本书，这本书强调了想象的力量。例如，如果你在脑海中练习罚球，你的潜意识最终会将这种重复内在化，带来现实世界的进步。他的妻子说，VR色情同样会让他的大脑适应婚外情——那是一个通奸模拟器。（斯科特分析了他最喜欢的演员，这也无济于事，他的妻子说，这些VR女演员就像他的女朋友一样。）

斯科特并不认为自己会背叛妻子，但他取消了自己的VR会员资格，并开始批判性地思考自己的VR消费：

我一直以来在说服自己VR色情是不同的——它是好的色情。普通的色情作品描绘的是一个男人（或几个男人）与女性做爱的过程，有时表现的方式对女人很不礼貌。在VR色情中，女人通常是在引诱你，和你做爱。她是掌控一切的人，她被赋予力量。里面的场景会讲述一个故事，在对话和情节中融入一些内容。VR色情里面的性爱往往更温柔，更真实，有更长的前戏和更现实的结局。我推断，如果VR正在重塑我的大脑，至少它非常接近真实的性爱体验。

事后看来，我现在意识到，虽然VR色情在许多方面与传统的“2D”色情不同，但它所能产生的快感明显更强，因此也更危险。现实的3D环境中，一个人专注于与你调情，这样会促使多巴胺的分泌达到高峰，而这是平面色情作品无法做到的。我还记得第一次一个女孩在VR中对我耳语——我发誓我能感觉到她的呼吸，她脸颊的热度萦绕在我的耳边。它使我的脊背刺痛。这种感觉在后来的视频中有所减轻，所以我意识到我的大脑实际上已经习惯了这种体验（脱敏了）。

“当我向妻子坦白时，我感觉自己就像躲过了一场浩劫。”他写道，他很兴奋能和她一起重新发现“真实的性”。

我为斯科特感到高兴。高兴的是他对妻子很诚实，高兴的是他妻子对他也很诚实，最开心的是他们找到了共同前行的路。“很多人都没有讨论过夫妻之间的界限是什么，”达林说，“以至当有人最终做了一些事情，让别人感到被侵犯时，两人都会感到不安：‘你只是做了一件事情，这件事情让我觉得你辜负了我的信任。’‘你没有告诉我这是你的底线，现在你又生气了，但我并不知道这些事情会伤害到你。’

如果 VR 能够鼓励人们彼此展开如此对话，那就太棒了。”

但是 VR 和色情的交集才刚刚出现。我们将继续看到，成人产业会不断创作新的内容以匹配功能最强大的头戴式显示器，就像它一直处于技术的最前沿一样。随着 VR 的普及，我们将看到成人网站拓宽它们的产品范围，以迎合各种各样的用户口味。我们将看到直播的改进，摄像头可以让观众更接近头戴式显示器里的主播，最终我们将看到主播们戴着自己的头戴式显示器，在私人时间与付费客户联系（当然，只是以虚拟化身的方式）。同样可以肯定的是，我们将看到 VR 色情的沉浸感会变成一种危险的焦虑——对年轻人、对女性、对人际关系、对社会结构本身。一向如此，不是吗？

但想想看，斯科特和妻子现在的关系比以往任何时候都要亲密，这多亏了 VR。

第十章

我们的未来不需要头戴式显示器

让我们预见一下未来

几个月前，我坐在办公室里，突然有一种冲动，想知道加利福尼亚和芬兰相距多远。你不用急着吐槽美国的公共教育有多差，我确定我知道芬兰在哪里。只是一个熟人告诉我那里正在兴起 VR 开发。我一直对参观斯堪的纳维亚很有兴趣，所以我一直想去旅行。不过，我讨厌长途飞行，所以我真正想知道的是，一架飞机要飞往驯鹿和“Kaalikääryleet”的家园，应该走哪条路最直接。（坦白说，我不知道“Kaalikääryleet”是什么，我只是喜欢它听起来的样子，两个连续的元音变音！）互联网可以做很多事情，但它不能代替地球仪，所以我伸出一只手，从我左边飘浮的架子上拿了一个地球仪。

当我把它拖到我面前，放开它时，效果是立竿见影的：地球就在我的正前方飘浮着。到目前为止一切顺利，从办公室窗户透进来的阳光并不明亮，影响了我的视觉清晰度。不过，这颗行星（地球）有点儿小，我想确认我能清楚地看到芬兰。所以我用我的两只手抓住地球仪，再把两只手分开，地球仪变大了——它把我的右手拉向我，把我的左手向外推开，然后地球仪向西旋转。我向前倾了倾身子，以便更好地观察这个迷人的小半岛，但注意到我的视线角落里有一些动静。是我的同事，他想引起我的注意。

“有什么事吗？”我问。

“对不起，打扰一下，”他说，“我就是不知道你在里面干什么呢。”

“只是在读一封电子邮件！”我说。我再次伸出手，抓住地球仪，把它移开，这样我就能更好地看到我的同事。他不会注意到的，虽然这么说有点儿粗鲁，但是实际上有一个世界在我们之间盘旋。

如果你已经读了本书之前的章节，那么这个故事对你来说有点儿雷同。也许是我徒手抓东西的方式，也许是我能真正看到整个地球的事实——在白天，我和我的同事在一起，但这并不像一个典型的 VR 体验。

那是因为它不是 VR。它根本不是 VR，它是现实硬币的另一面，增强现实（AR），是由一个叫作 Meta2 的头戴式显示器呈现的。这款头戴式显示器没有屏幕，只有一个透明的护目镜，让我可以使用诸如浏览器和 3D 地球仪等虚拟物体，同时又不会对外界浑然不觉。当我戴上它时，它的摄像头扫描我的桌子，并绘制出一幅我所处空间的地图。如果我在我的钢铁侠笔筒后面移动一些虚拟的东西，那么这个笔筒就会挡住它。

尽管 AR 技术在过去几年发展势头惊人，但它仍落后于 VR 几年。当你把两者结合起来，我们谈论的将是两者的终极结论：有这样一种设备，可以在不同程度上把虚拟和真实结合起来，并创造一种体验，这种体验既可以与生活本身相关，也可能只是纯粹的幻想。如果你认为 VR 本身就很酷了，那你可能还什么都没看到呢。

增强你的世界

简单说来，AR 意味着把一些视觉信息置于你的日常场景之上。VR 实际上是完全封闭现实世界，取而代之的是一个包罗万象的人工世界；AR 从现实世界开始，然后添加新的内容。还记得第一章提到的伊万・萨瑟兰的达摩克利斯之剑吗？从这里面你可以窥见一斑。换句话说，它可能是第一个头戴式沉浸式计算机设备，但它实际上比虚拟设备更强大。

用视觉叠加来增强你的世界，这一概念已经存在了几十年。有些人甚至认为《绿野仙踪》的作者弗兰克・鲍姆在一个多世纪前就提出了这个想法。他 1901 年出版的小说《万能钥匙》以“字符标记”为特色，那是一副眼镜，佩戴它的人可以看到别人额头上的字母。不过，“增强现实”这个词的历史和《雪崩》差不多，最早由波音公司的两名研究人员在 20 世纪 90 年代初提出。

不管 AR 的历史有多久，它早已成为你生活的一部分，可能你自己都没意识到。1996 年美国国家冰球联盟全明星赛上，冰球发出了蓝光，这样你的眼睛就能更好地追踪它了，这那就是 AR。足球比赛中的黄色底线，棒球中的击球区图形，纳斯卡赛车比赛实时显示汽车的速度，AR，AR，全是 AR。（实际上，这些都是同一家公司 Sportsvision 的杰作，其联合创始人参与了发光冰球的开发。）面向大众的 AR 技术在 2011 年迈出了一大步，当时任天堂发布了其 3DS 掌上游戏机。3DS 有两个指向外的小摄像头，如果你把它们对准放在桌子上的游戏卡，那么你会在设备的屏幕上看到 3D 生物从游戏卡里爬出来，爬到桌子上。想象一下《午夜凶铃》的最后一幕——不过不是一个女鬼从电视爬出来跑进你的客厅，而是一个小马里奥跑出来大喊着“哇哦、哇哦！”，这绝对令人震撼。

但这对任天堂来说只是个开始。回想一下2016年夏天，你身边的所有人是不是都在玩小精灵捕捉游戏《精灵宝可梦》。这款游戏是任天堂和谷歌实验室合作开发的，谷歌实验室后来还成立了自己的公司，这款游戏的本质就是一个利用AR的寻宝游戏。利用手机的GPS（全球定位系统），当附近有小精灵时，它会提醒你，你需要通过手机查看并捕捉它们。在我住的地方只有火球鼠和暖暖猪，但这有关系吗？当然没关系。在城市的人行道和公园里，看到这些散落的有收藏价值的小精灵，那种简单的快乐就像第一眼看到我们即将迎来的未来。（我指的不是小精灵进化并推翻人类的那种未来——而是另一个。但就我个人而言，如果小精灵真的称霸了，我希望火焰鸡当国王。）

事实上，AR已经席卷了智能手机领域，而且远远不止游戏领域。你可能不会主动去用，甚至考虑到你的年纪，你可能都不知道色拉布这个手机应用，但是这个应用有一个简单的相机滤镜——那些把你变成一只狗或让你和你的朋友换脸的小把戏，就是AR技术的一个典型例子。去年，苹果和谷歌都发布了一组工具，开发人员可以用它们创建移动应用程序；脸书也做了同样的事情。早期的实验非常出色，可以把《绿野仙踪》中的人物带入现实世界，或者让你得以在空中驾驶一架虚拟遥控飞机。然而，最能改变生活的却是最平淡无奇的：当你只需要将手机对准一个表面，屏幕上就会出现一把虚拟尺子，神奇地把它延伸到你需要测量的地方，那么为什么你还要浪费时间去找卷尺呢？

尽管你的手机可能非常适合使用简单的 AR 功能，但它远不能提供任何形式的存在感。你在它的屏幕上看到的可能是新奇的，甚至是神奇的东西，但它仅限于手臂触及的范围内。但是，如果你穿过屏幕——通过将其环绕在眼睛周围，就像 VR 头戴式显示器那样，魔法就会突然变得非常、非常不同。事实上，“魔法”这个词是建立在 AR 最大、最冒险、最严密保护的项目之一的基础上的。

但是等等：这碗鸡汤变浓了

神奇飞跃（Magic Leap）公司的第一条规则是，你不能谈论神奇飞跃。这家行事隐秘的公司位于佛罗里达，已经从谷歌和中国的阿里巴巴等巨头那里筹集了数十亿美元，但如果你想看看这家公司正在做些什么，你需要签署一份保密协议，如果你泄露了任何机密信息，这份协议将威胁到你的安全。我是极少数使用神奇飞跃的记者之一，但在 2017 年 12 月之前，在该公司最终展示了即将发布的开发者工具包的图片之前，我甚至无法向你描述它的样子。为了保密，保证我的人身安全，我只能简单地告诉你一些其他人已经看到和谈论过的事情。如果你碰巧因此推断出我也经历过这些，那就是你的责任了，我也无法阻止你贸然做出如此明显的错误结论。

NBA（美国职业篮球联赛）金州勇士队队员安德烈·伊戈达拉冒着撕毁保密协议的风险，描述了他手上站着一个“角色”的情景，那是如此真实，以至他能感受到它的温度。他谈到他用目光控制仪表盘，可以把一台 80 英寸的电视机掷到墙上。

在 2016 年《连线》杂志的封面故事中，凯文 · 凯利描述了自己与一个悬浮在桌子上方的虚拟机器人互动的场景：

> 它是蒸汽朋克的，可爱又细致入微。我可以绕着它走，从任何角度观察它。我可以蹲下来看看它华丽的底盘。我弯下腰，把脸凑到离它几英寸远的地方，仔细观察它的小管子和突出的支架。我能看到金属表面打磨后留下的抛光旋涡。当我举起一只手时，它会靠近我，伸出一个发光的附属物触摸我的指尖。

凯利还看到了更多：

> 我看见真人大小的机器人穿过房间的墙壁。我手中握着玩具枪，我可以用其中的强力炸弹射击他们，我看到小人在真实的桌面上互相扭打，就像《星球大战》中的全息象棋游戏一样。这些小人显然不是真的，尽管他们的照片很真实，但他们确实存在——在某种程度上，似乎并不只存在于我的眼中；我几乎可以感觉到他们的存在。

神奇飞跃称其技术为“混合现实”技术，声称它的三维虚拟物体比 AR 的平面静态叠加要先进得多。实际上，两者之间已经没有任何区别了。事实上，到目前为止，很多公司都在以不同的方式使用很多术语，所以有必要快速澄清一下。

虚拟现实（VR）：在你的头上戴上一个不透明的显示器，创造出一个封闭的人工世界的幻觉。现在你已经很了解这一点了——如果不是，我是否可以建议你从本书的开头读起而不是从这一页读起？

增强现实（AR）：将人工物体带入现实世界——这些可以像头戴显示器一样简单，比如投射到汽车挡风玻璃上的速度计，也可以像看到一个虚拟生物穿过你家的客厅，在地板上留下真实投影一样复杂。

混合现实（MR）：一般来说，它是 AR 的同义词，或者至少和 AR 将虚拟对象带入现实世界的部分是一样的。（我知道这听起来像逃避责任，但这取决于你问谁。）然而，有些人更喜欢“混合”，是因为他们认为“增强”意味着现实不够，所以才需要增强。

但正如 MR 可以把虚拟的东西带入现实世界一样，它也可以反过来把真实的东西带入虚拟世界。回到第四章，我们讨论了光场相机公司如何使用多个摄像机来创建立体的视频，你可以在其中移动。MR 也包括这一点：微软使用这个术语描述把人数字化的方式，以便创建出“全息图”，然后就可以将其应用在 VR 和 AR 里了。

还有一些人认为，MR 技术与其说是一种体验技术，不如说是一种描述性技术：它把视频镜头和 VR 镜头结合在一起，实现了一种混合效果，展示了 VR 中人们的实际体验。

扩展或合成现实（XR 或 SR）：以上这些都算！这些都是“全选式”的术语，涵盖了视觉设置中所有的虚拟元素。你不会经常听到人们使用它们，但是我们马上就会讲到，它们在未来几年一定会出现。

在这一点上，我已经很有幸体验过四种高端 AR/MR 头戴式显示器了。其中包括神奇飞跃、微软的 HoloLens、Meta2（我在工作时戴着它），以及第四款 Avegant（VR 公司）的产品。从 2018 年开始，Avegant 将不再生产自己的头戴式显示器，而是将其技术授权给其他公司。每一款头戴式显示器都让人大开眼界，原因是相似的：这种体验根本不像仅仅看着屏幕那样。无论你放大多少，虚拟图像都非常清晰。那是因为在大多数情况下，图像是直接投射或者反射到你的眼睛里的——不需要基于像素的显示。我曾经绕着旋转的行星走过一圈，目睹宇宙飞船之间的混战，也曾把野生动物握在手掌里，还与机器人搏斗过。在 Meta2 头戴式显示器中，我可以打开一个互联网浏览器窗口，按我的需求设置它的大小，然后把它移动到我的视图中的任何位置；无论我做什么，上面的文字都很清楚。

如果说 VR 是一个蹒跚学步的孩子，那么 AR/MR 就是一个妊娠晚期的胎儿：它可能已经完全成形，但是还没有准备好迎接这个世界。头戴式显示器很大，设备比 VR（面向开发者的 HoloLens 只卖 3 000 美元）贵得多，而且在很多情况下，我们甚至不知道供用户使用的产品是什么样子的。

尽管如此，AR 和 VR 的交集正在快速增多。据报道，在将 AR 技术应用于苹果手机之后，苹果公司正在努力研发一款 AR 头戴式显示器，预计于 2020 年发布。像 Meta2 和神奇飞跃那样的 AR 头戴式显示器理论上可以变成 VR 头戴式显示器，只要把它们的面罩或镜片变得不透明，挡住现实世界就可以，这样就能把一个完全人工的环境投射到用户的眼睛里。在 VR 方面，傲库路思毫不掩饰其未来头戴式显示器的计划，用户能够即时看到并绘制周围环境的地图，然后把它们投射到头戴式显示器里。

与此同时，有些技术（光学元件、显示器、处理能力、电池技术）的叠加会让头戴式显示器变得更大，而这显然不是我们所愿，所幸这些技术都在不断地改进。目前为止，所有的 VR 或 AR 公司都在使用“眼镜”一词来谈论未来头戴式显示器的样子。这取决于你的交谈对象是谁，他所告诉你的未来可能比你想象的来得还要快。

邓裕铿就是其中之一。他是 Avegant 的联合创始人，Avegant 是致力于研发各种各样令人费解的 AR/MR 的公司之一。2017 年 6 月，在一个阳光明媚的下午，我参观了 Avegant 的办公室，利用该公司的原型机头戴式显示器，邓带我领略了一系列体验，所有这些体验都清晰得令人惊叹，让人身临其境。我穿过整个太阳系，它像一个巨大的房间那么大。当我接近土星时，它开始播放碧昂丝的《单身女郎》。（你喜欢这个星球？那你应该给它戴上戒指。）多亏了人际关系学，我走到一个虚拟的女人面前，她凑得很近，我都能数得清她的睫毛——这种经历我并不怎么喜欢。哦，这张图里的就是我，手里拿着一只海龟。

你先别急着说“我知道”。我知道那东西看起来有多大，有多笨重，我知道后面有一堆电线，就像我是在《黑客帝国》里醒来的基努·里维斯一样。（尽管我的发型很奇特，但我保证那些电线不是我头上长出来的。）无论这个演示有多酷——海龟只是其中的一小部分，都无法回避这样一个事实：它还在努力提升中。后来，我和邓以及公司的首席执行官坐在一起，我开始问邓所理解的公司工作的终点是什么。“所以当你想到你梦寐以求的设备时……”

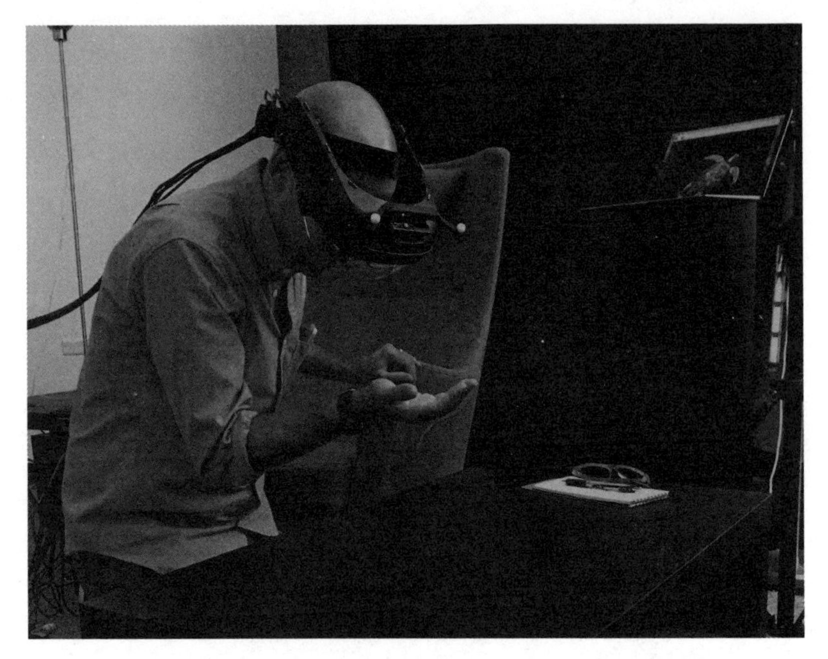

看到旁边笔记本电脑屏幕上的海龟了吗？它正在我掌心游泳呢

首席执行官一句话也没说，只是举起一副眼镜。“是的，”邓说，“这就是我们想要达到的目标。”

在过去的5年里，这种说法我才听到过800万次（多么讽刺），所以我给了他一些压力。“不过，有没有一个时间表呢？”我问，“10年？20年？30年？”

“不到5年。”他说，“肯定不会超过10年。我的意思是，10年后我们甚至不再需要智能手机了。”

10年后，我们甚至不再需要智能手机了。在时间轴上，无论他说的是否成立，有一件事是明确的：我们正在走向一场文化变革，其规模甚至可能超过智能手机。为了看看公交时刻表或新闻，你不再需要查看其他设备了，它们可以轻松地呈现在你的视图中。当你做菜时，你也不再需要在教学视频和砧板之间来回切换了。

这一预测包含着更多的信息。VR-AR 把虚拟物体和现实生活中的人融合到一起，这种融合前所未有地牢固：我们的朋友，以他们的虚拟版本坐在我们的客厅里——作为他们自己的虚拟化身，而我们的虚拟化身则坐在他们的客厅里。现实本身正处于前所未有的弹性的边缘。不过，这并不像一次糟糕的旅行；它的理念更像一套乐高积木，里面有你需要的每一块积木，你还需要小心翼翼地把它们组装起来。我需要一个能帮助我理解这个世界的人。

我需要的是始作俑者。

见到了 VR 教父

杰伦·拉尼尔迟到了，我……好吧，我大受触动。我不确定我的膝跳反射是出于不耐烦、兴奋，还是仅仅因为我今天早晨满怀期待地喝了无数杯咖啡，但是我发现自己坐立不安——尽管我希望这样我的膀胱会舒服一点儿（不要让我忍不住上厕所）。我坐在奥克兰的一家酒吧里，早上这里兼做咖啡馆；咖啡馆的后面，一群新员工正在接受培训。我选了一张靠近前门的高脚桌，正对着门，这样当 VR 教父走进来时，我肯定能看到他。

他露面了，我居然有一种似曾相识的感觉。拉尼尔可能不是很高，但他的形象令人难忘。他身材魁梧，穿着黑色裤子和一件宽大的黑色 T 恤，满头长长的、难以驾驭的脏辫。再加上他那高远、缥缈的声音，稀疏的胡须和淡蓝色的眼睛，感觉他是从科幻小说的书页中爬出来的。

只有当他开始谈论 VR 时，我对他的印象才变得更深刻——虚拟的、增强的或者只是单纯真实的。作为普及“VR”一词的人（第一章，提醒一下！），拉尼尔长期以来一直是该领域最引人注目的开拓者，30 多年来，通过撰写大量书籍，他一直是技术和意识的雄辩代言人。最近，他在微软的研究部门工作，对于他所做的工作，他自己笑着说：“相当深奥，风险很高，可能还没有准备好拿出来讨论。”不过，虽然他没有谈论自己的工作，但这并不意味着他不愿意谈论我们所有人的未来。

他不是个坚定的乐观主义者。“我对未来的看法是，这是一场创造力与追逐权力之间的较量。”他表示，“如果人们在与科技公司的互动中一直只是被动地接受，那么 VR 就有可能成为一种非常、非常可怕的东西。电影《黑客帝国》就是一个很好的例子。”

是这样的——自 2012 年 VR 回归以来，人们就一直在关注这一点。所以我问他，VR 到底是什么？他的回答没有描述某个具体的愿景，而是在表达一种情绪。“我希望人们成为优秀的葡萄酒鉴赏家，而不是酒鬼。”他说。他向酒吧里的经理指了指，他们演奏的摇滚音乐声音太大了，虽然还不至于影响我们的交谈，但也足以引起人们的注意了。“就像是，我不这么做也行。实际上，我认为这么大声音有损音乐。我宁愿到这里来听一个现场乐队发自内心的演奏，这比单纯地播放音乐好多了。未来的 VR 也会有像这种背景音乐一样的东西。

但真正重要的是那些你真正关注和重视的、人们用心去创造的、独一无二的特别的事情。而这些，根据 VR 的定义，不是随时能播放的。”

起初我想反对他。我想说的是，他没必要那么敏感。对 VR 的神奇之处浅尝辄止，就是把自己限制住了，限制在了存在感所带来的精彩的一隅。我想说，但我说不出来。他是对的。在过去的 5 年里，我在 VR 中所经历的每一件事——我被激起的每一种情感，每一段记忆，我遇到的每一个人，每一次加快的脉搏和平静的幸福，其直接的结果就是它是我彼时正在经历的唯一的东西。这种专注，这种沉浸在 VR 中的能力，对于创造一种持久的存在状态绝对是至关重要的。

有趣的是，在我们超过 50 分钟的谈话中，拉尼尔一次也没有使用“存在感”这个词。我一点儿也不惊讶，这个词在 20 世纪 90 年代初出现时，他已经离开了自己的老东家微型可视化程序设计语言公司。不过，他也谈到了 VR 中共享体验的重要性。事实上，他说，“VR”一词最初的用法出自剧作家安东尼·阿托，就是关于这一点的。拉尼尔说，和 VR 中的其他人在一起“只是一种更有趣、更酷、更乐观、更感人、更温柔、更强烈、更快乐的体验”。

在这一点上，我们的看法完全一致。

／ 结论 ／

当我们可以预见 2020 年时：2028 的世界会是什么样子

仍然有一个问题，还是个大问题。如果所有这些进步和研究的途径都能成功，那么我们谈论的就远不是这副理想的轻便眼镜了。我们正在谈论的是一个充斥在各种科幻小说里的计算系统：有一点点《少数派报告》，一点点《头号玩家》，一点点《雪崩》，一点点《越空狂龙》。当然，肯定会有一些尚未解决的问题——还需要十数年的时间才能开发出与现实难以区分的触觉系统。（更不用说能够品尝虚拟的东西了，因为，嗯，为什么要品尝虚拟的东西？）但在 2028 年，我们肯定已经朝着这个方向迈出了一步。那会是什么样子？这种轻松、持久、全感官的系统对你的日常生活意味着什么？

啊？ 6：15 了吗？闹钟的声音打扰了你的美梦，但起床不用再像以前那么费劲了。自从你有了最新一代的 LifeLenz MR 系统，你已经注意到，清醒的梦境发生得更加频繁了：你不仅知道你在什么时候做梦，而且能够根据这些知识来利用做梦的状态。再见了，你不用再梦见自己穿着内衣坐在考场上，然后大脑一片空白了。梦境你好！

你在黑暗中伸出手，从充电器中取出你的 LifeLenz，把它从太阳穴滑到耳朵后面。它会在睡眠模式下闪动，然后闪出一个令人振奋的“早上好”呈现在你的眼前。你的狗还在轻轻地打鼾，所以你没有打开卧室的灯，而是低声说：“开启我的晨起模式吧。”就在这时，房间角落里的一盏灯发出微弱的光，逐渐变成柔和的橙色。你第一次使用 LifeLenz 时，面向外部的摄像头就记录了你的公寓里所有房间的情况，但当它重启之后，会重新进行一次快速的扫描，以确保你没有挪动家具或买了个新桌子等等，这些都会改变光照在床上的方式。

你走进浴室，开始刷牙，你的 LifeLenz 会为你提供那些一大早你就需要的信息：右上角有一个太阳的小图标在闪烁，告诉你今天的天气。你可以等会儿再看你的日程，现在，你只想知道窗外是什么样子。

你穿过客厅，走进书房，坐在地板的垫子上。你以前每天早晨都会冥想一小时，但是你发现，随着你的智能眼镜上的一个有关专注力的应用程序 LenZen 的更新，只要 10 ~ 15 分钟你的注意力就能够像以前一样集中。如果你朝上看，就会激活你每天这个时候最常使用的应用程序，如果你没找到你要找的东西，你可以随时打开一个浮动键盘，敲出它的名字，然后眨一下眼睛，就可以启动 LenZen。你的眼镜开始变暗到完全不透明，开始呈现出日落时分的锡安国家公园。你小时候去过那里，从那时起你就非常喜欢那里了。现在，看着几乎环绕着你的红色悬崖，你忍不住笑了。

你通过眨眼跳过了 LifeLenz 推荐的冥想程序，选择了一个简单的正念呼吸程序，没有声音提示或心率信息；尽管这款眼镜的音质和生物传感器都令人难以置信，但你只想以自己的呼吸为向导。当你吸气和呼气时，你凝视着地平线，你的呼吸是一根柔和的蓝色羽毛，如果你呼吸得太浅或太快，它就开始染上黄色。15 分钟的冥想感觉就像只过了 2 分钟，随后，一个安静的提示音响起，你花了一点儿时间来整理自己，然后 LifeLenz 带你回到你的书房，你开始新的一天。

上班前喝一杯奶昔。你的肉桂快用光了，所以你用 LifeLenz 扫描条形码，用三个手指的手势把它加入你的购物车。你的 LifeLenz 提示你还有 5 分钟公交车就到了，给你留了足够的时间下楼。你主要是在公交车上读书——是的，纸质书，但今天你的朋友发送给你一个预告片，这部巨幕虚拟电影你已经等了好久了，所以你通过眨眼把你的眼镜调整到 VR 模式，选择你想扮演的角色（通常你喜欢高大上的救世主，但因为你坐在公交车上，所以今天你选择当一个旁观者，让故事按照你的视角发展），然后融入其中。

工作时间飞逝而过，你的工作主要是研究你所写的摘要。大部分时间你都不戴手套，但会在办公室里放上一副，因为它们非常适合空间计算。通常你只是把键盘投射到你的空桌子上，然而，在你最近一次与脊椎按摩师的会面中，他发现你的脖子比平常更僵硬了，所以你把虚拟键盘抬高了几英寸，并向自己倾斜。“按键”一如既往地灵敏，你喜欢机械键盘的触觉反馈，所以你把触觉调得比你的大多数同事都高——谢天谢地，没有敲击的声音会分散他们的注意力。

经常有其他城市的同事通过视频会议问你问题，但你喜欢面对面开会，所以，当每周与团队进行头脑风暴的时候，你会进入一个小会议室，把所有“人”都聚集于此。好吧，从某种意义上讲，是所有人。你的5位同事中有一位是真人——大家都叫他“肉身”，但其他人都是虚拟化身。所有的虚拟化身都有一个小“v”字在头顶盘旋，以表明他们的虚拟身份。2024年，一些骗子骗取了一家养老院老人们的退休基金。在那之后，联邦通信委员会的现实监管部门通过一些政策，规定不同行业范围内有不同的授权。现在，浸入式的计算设备会自动给任何虚拟化身或其他人造实体贴上在虚拟等级中被评为6级或以上的标签。（这意味着，它要么具有视觉高保真度，要么具有人工智能复杂性，与真实的人或物难以区分。）当然，分区合理的娱乐中心可以申请豁免。毕竟，如果总有人提醒你这是幻觉，你为什么还要去体验恐怖刺激呢？

下班后，你沿着河边跑步。最近天气一直很好，所以你想充分享受一下。你停下来伸展身体，发现另一个跑步者也在做同样的事情——等等，他很可爱。他抬起头的同时也注意到你。如果你们只是眼神交流，那么什么都不会发生，但只要和对方保持片刻凝视，你的眼镜就会进入社交模式，向你展示对方呈现出来的一些个人信息。人们根据自己的喜好调整自己的隐私设置，但“路人”在默认模式下能看到自己的情绪；只有你们都选择将对方提升到“了解”的水平，才能了解更多对方的情况。（别担心，手机交友软件Tinder还在，到时候主要是机器人在上面玩。很好！时不时地，人们总会想花点儿时间和一个人工智能的化身在一起，因为它知道他们喜欢的一切……当然它还有个搞笑的身体。）

和两个大学时期的老朋友（一个虚拟化身，一个真人）喝一杯，然后回家过夜。你期待着有一点儿属于自己的时间，昨晚你玩了每周固定的多人在线游戏，你的客厅到午夜之前几乎是一个战场。你在清仓大甩卖时买的那套新运动服可能是去年的款式，但当达拉斯队的队友拥抱你时，你的感受已经足够了。

不过今晚是放松时间。你倒了一杯酒，躺在沙发上，点击你的眼镜进入全 VR 模式，然后启动 Omninote（未来的 VR 应用程序），它是一种现场的音乐体验。你最喜欢的乐队正在举行一场为期三天的演出，你找到一个很棒的座位。事实上，每个人的位置都很棒，这就是 Omninote 的魔力。你把所有可选的视觉效果都最小化了——今晚你只想倾听，而不想看一个“现实行为艺术家”制造的实时幻觉。

几首歌过去之后，你感到一阵隐隐的嗡嗡声。你微微点了点头，去掉了“请勿打扰”的设置，从左边插入一行小写的斜体文字：*看演出呢？*是那个可爱的跑步者——他一定也在这里。幸好你保留了你的默认头像，在你的派对装扮中，你可能已经面目全非了。你坐直了一点儿，环顾一下这个小俱乐部。他也在这里，你笑了，他也笑了。他指着后面的吧台，你看到他嘴里也在说着同样的话：想喝一杯吗？

你当然想去。此时此刻，有一些事情正在发生。

致谢

有趣的事实是，致谢是一本书中我最喜欢看的部分。有些致谢是枯燥的，有些是令人放松的，有些又很浮夸——好吧，有很多是浮夸的，但它们让一本书充满活力，就像某种复杂的有机体，它的存在要归功于这种不同关系的神奇协调。

那么写一个致谢也很有趣吗？不，不像你想的那么容易。首先，我不知道我应该写多少。很明显，我有机会把这么多的单词罗列在一起，要归功于我的父母。作为一个研究型图书馆管理员（妈妈）和大学教授（爸爸）的孩子，我生长在一个充斥着书籍、思想和言论的家里——谢天谢地还有文字游戏。在十八九岁之前，我都非常鄙视写作，但是如果没有父母的影响，就不会有这本书。

之后该感谢谁呢？我那些重视批判性思维而不是死记硬背的老师们？莎莉·哈维、鲍勃·考特尼、卡拉·加德纳、格雷格·蒙戈尔德、克雷格·怀尔德、菲利斯·加兰？萨姆·弗里德曼，他最后告诉我不要再说那么多话，写就对了。（他还帮了我一个忙，告诉我，我还没有准备好参加他在研究生院开设的写作课程——因为这对所有参与其中的学生来说都是一场灾难。）

在我确认了我想要写作之后，我该感谢谁呢？21 世纪初的《智族》杂志的作者和编辑们，我从一堆“杀手”那不可思议的才华中学到了什么？戴维·弗里德曼、布兰登·霍利、亚当·萨克斯斯、露西·凯琳、安德鲁·科尔塞洛、克里斯·雷蒙德、吉姆·纳尔逊、亚当·拉波波特、迈克尔·海内、马蒂·贝瑟、马克·希利，甚至写这些名字都让我感觉自己好像又回到了当年，但是实际上我所写的每一个字都有他们的影子，都在试图模仿他们的风格。

后来，在《复杂》杂志社，我有机会再次学习，和那些如同家人般的人一起工作，我们经历了经济衰退的剧变，学会了如何调整自己：诺亚·卡拉汉·贝弗、唐尼·夸克、贾斯汀·梦露、阿诺马·雅·维特克、蒂姆·梁、杰克·欧文、达米安·斯科特、乔拉·普马、布拉德利·卡布恩、玛丽·H.K. 崔。

在《连线》杂志，在结束第一星期的工作后，我说了这样一句话，而每一个在《连线》结束第一周工作的人都会这么说（“天啊，这是我见过的最聪明的一群人”），我学到的不仅是如何成为一个更好的杂志编辑和作家，而且掌握了如何讲好故事的全部能力。在杂志社工作了 6 年，我有太多的人想要感谢，但我会尽量把名单限制在和 VR 相关的人身上：斯科特·达迪奇、罗伯·凯普斯、杰森·坦茨、凯特琳·罗珀、杰森·科赫、安吉拉·沃特卡特、莎拉·法伦、乔恩·艾伦伯格、亚当·罗杰斯。不过，这仅仅是个开始，有如此多难以置信的编辑和作者，我非常荣幸地说，他们不仅仅是我的同事，更是我的朋友。研究、文案、设计、摄影、制作、社交、视频，以及过去和现在的每一个部门，你们都很棒。我真希望能把你们一一列举出来以示感谢。

（旁白：伙计，这真的很难。怎么写了这么多？）

撇开过往的经历不谈，如果没有我独一无二的编辑希拉里·劳森，就没有这本书，她不仅在读了我写的一篇文章之后突然发邮件给我，认为我可以写成一本书，而且在我花大把时间写这本书的时候，她还设法让我保持清醒。（“但是我写的时间越久，呈现的内容就越多！”喝咖啡的时候，我对她说了不下三遍，而她却一直在微笑，努力地维持她的耐心。）感谢 HarperOne 网站上那些淡定的天才们，是他们以无数的方式让这本书变得更好——西德尼·罗杰斯、丽莎·祖尼加、杰西·多尔奇、安·爱德华兹、梅林达·穆林、考特尼·诺贝尔以及其他所有人，谢谢你们。还有蒂芙尼·凯利，她设法以创纪录的时间检查了本书：我仍在寻找第三个表达“感恩”的词汇，但相信我，你已经得到了我的感恩。

谢谢你，斯克里夫纳，你简直就是一个神奇的写作工具，不知怎的，你研读了无数的采访笔记、PDF 研究论文、手写笔记，以及各种杂乱无序的语句，并把它们整理得条理清晰。感谢 VR 世界里的每一个人，他们愿意与我分享他们的专业知识和天才创意，无论是公开的还是私下的。感谢那些 VR 用户——那些热情的、好奇的、为 VR 进行投资的人，他们不仅用金钱支持 VR，更是全身心地支持 VR。存在感的未来要感谢你们。

还有最重要的，如果没有我的妻子、伴侣和最好的朋友，我就不会有未来——所以谢谢你，凯莉。谢谢你对我的信任，谢谢你无数次把我从写作焦虑的边缘拉出来。当我此刻坐在沙发上写这篇文章时，你躺在一边，另一边躺着一只像蝙蝠一样熟睡的小狗（你好，克罗斯比！），头戴式显示器之外的生活真是再好不过了。

等等，还有要感谢的，谢谢你们，亲爱的读者，谢谢你们没有把书扔掉，一直读到这里，没有你们就不会有致谢环节。我希望能在元宇宙见到你们。